Natur – Kinder – Garten – Werkstatt
Herbst

Sommer
Herbst
Winter
Frühling
Schmetterlinge züchten
Kräuter verarbeiten
Erde, Wasser, Feuer, Luft
Vom Korn zum Brot
Obst und Gemüse ernten
Hausbauwerkstatt
Korbflechten
Bienenwachswerkstatt
Papierwerkstatt
Adventwerkstatt
Wolle verarbeiten
Holz- und Tonwerkstatt
Säen, Keimen, Wachsen
Nisthilfenwerkstatt
Lebensräume schaffen
Gestalten mit Pflanzenfarben
Milchverarbeitung, Imkerei

Irmgard Kutsch

NATUR

Brigitte Walden

KINDER

Herbst

GARTEN

Vom Wiederentdecken des Ursprünglichen

WERKSTATT

Verlag Freies Geistesleben

Das Zustandekommen dieser Buchreihe wurde maßgeblich unterstützt durch

- die Deutsche Umwelthilfe, Regionalverband Nord
- den BUND (Bund für Umwelt- und Naturschutz Deutschland), Landesverband Niedersachsen
- den Naturschutzbund Deutschland, Landesverband Niedersachsen
- die Deutsche Waldjugend, Gruppe Windfus
- die Kultur- und Umweltstiftung der Kreissparkasse Köln
- den Oberbergischen Kreis, Regionale Agenda 21
- die Gemeinde Reichshof
- den Familienbund der Deutschen Katholiken im Erzbistum Paderborn
- die Gesellschaft zur Förderung geisteswissenschaftlicher Literatur e.V.

Deutsche Umwelthilfe

BUND
FREUNDE DER ERDE

NABU
Naturschutzbund Deutschland e.V.

Gruppe Windfus

Gefördert
durch die
Kulturstiftung
der Kreissparkasse Köln

Oberberg

GEMEINDE REICHSHOF

Familienbund
der Katholiken

Neuausgabe 2016 (3., überarbeitete und erweiterte Auflage)

ISBN 978-3-7725-2753-1

Verlag Freies Geistesleben
Landhausstraße 82, 70190 Stuttgart
Internet: www.geistesleben.com

Einband: Thomas Neuerer unter Verwendung eines Fotos
von Blickwinkel/Fotototo (U1)
Druck: DZA Druckerei zu Altenburg GmbH
Printed in Germany

Inhalt

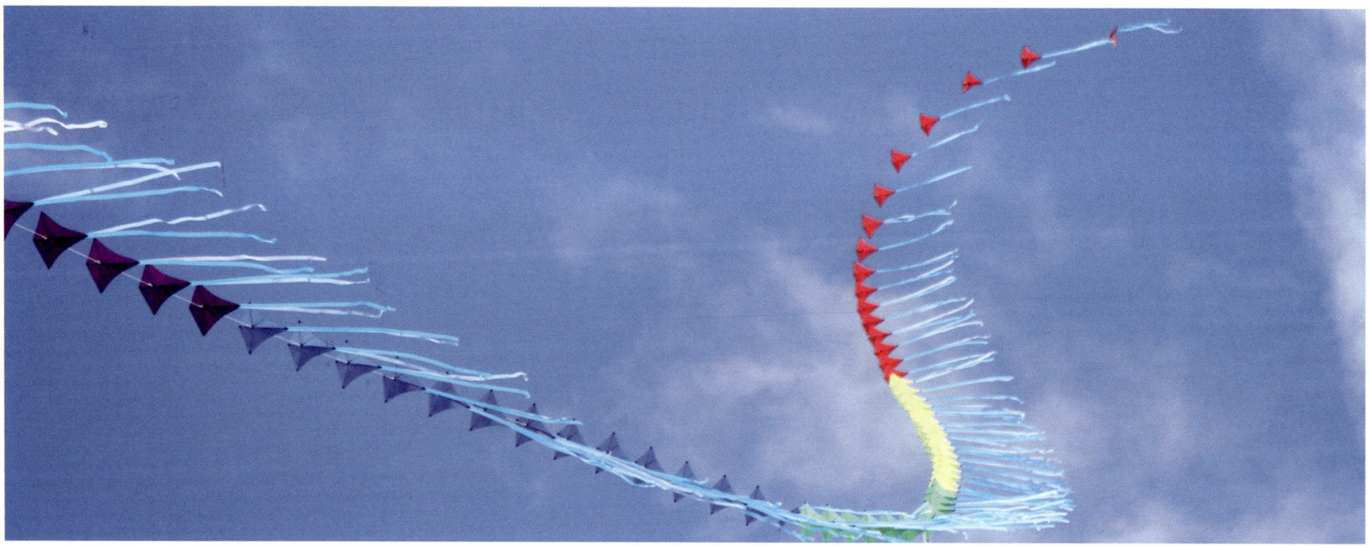

Geleitwort

Zum ersten Mal sah ich Irmgard Kutsch auf einer Agenda-Veranstaltung «ganz in ihrem Element». Da saß sie am Spinnrad und ließ die flockige Wolle der Schafe durch ihre Finger gleiten. Es sah ganz mühelos und selbstverständlich aus, wie sich daraus ein Faden formte: manchmal dünn und zart, manchmal dicker und knotig – sehr lebendig, so wie das natürliche Material es erlaubte. Irmgard Kutsch saß da und strahlte die Freude und Gelassenheit eines Menschen aus, der mit sich und seiner Tätigkeit ganz und gar im Einklang ist. Ich hatte spontan das Gefühl: Hier stimmt alles, diese Frau lebt, was sie lehrt.

Der Funke der Freude sprang ganz offenbar ohne Anstrengung und große Worte über. Die Kinder drängelten sich am Stand und versuchten voller Begeisterung das Spinnrad und die urtümliche Spindel in Bewegung zu setzen oder an kleinen Holzrähmchen mit den wolligen Fäden zu weben. Auch die «Großen» probierten zu spinnen und merkten oft schnell, dass es gar nicht so einfach war, den sanften natürlichen Rhythmus zu finden. Hatten sie ihn in einer Gesellschaft, die vor allem hart macht für den Konkurrenzkampf, längst verlernt?

An diesem sonnigen Maitag wurde mir ganz anschaulich klar, wie wichtig die Arbeit der Natur-Kinder-Garten-Werkstatt ist. **Kinder wollen und müssen diese Welt zuerst mit allen Sinnen, mit Leib und Seele erfahren. Erst wenn sie sicher geerdet sind, fest gegründet in guten körperlichen und seelischen Erfahrungen, werden sie später auch in der Lage sein, die Scheinwelten auf Computer- und Fernsehschirmen zu verkraften und richtig einzuordnen.**

Dass Irmgard Kutsch und Brigitte Walden ihre Erfahrungen in der Natur-Kinder-Garten-Werkstatt in dieser Buchreihe nun an viele aufgeschlossene Erzieherinnen und Erzieher weiterreichen, halte ich für ganz besonders wichtig. Es kann gar nicht genug Menschen geben, die Kinder auf diese liebevolle Weise mit der Natur und den Wurzeln des Lebens vertraut machen. Gute Dinge müssen Kreise ziehen!

In unserer Zeit erfüllen Bücher oft eine Vermittlerrolle. Die natürliche Kette der Überlieferung ist an zahlreichen Stellen unterbrochen. Früher waren es neben den Eltern meist Großmütter und Großväter, von denen die Kinder im ganz normalen Alltag den Umgang mit der Natur und handwerklichen Fähigkeiten lernten: Feuer anzünden, Wasser schöpfen, Tiere versorgen, Säen und Ernten, Einmachen und Brotbacken. Von alledem ist in modernen Haushalten fast nichts mehr vorhanden.

In meiner Generation war das noch anders. Woher hätte ich wohl die Liebe zum Garten lernen und später den Mut zum Schreiben nehmen sollen, wäre da nicht meine Großmutter gewesen? In ihrem Garten durfte ich einfach dabei sein. Die Erinnerungen an Flieder- und Goldlackduft, an leuchtend gelbe Ringelblumen, mächtige Rhabarberbüsche und den großen alten Boskopp-Apfelbaum, an fetten Lehmboden und glänzende Butterblumen, an Bohnenschnippeln und Sauerkrautstampfen begleiteten mich ins Leben. Die Gartenlust konnte schon in der Kindheit tiefe Wurzeln schlagen. Später durfte ich im Garten meiner Eltern alles ausprobieren, was mein Herz begehrte – eine wunderbare, liebevoll gesicherte Welt für wichtige Erfahrungen.

Ähnlich ist es wohl auch Irmgard Kutsch oder Brigitte Walden ergangen. Und so geben wir an neue Generationen, die ohne eigenen Apfelbaum und ohne Feuer im Herd aufwachsen, unsere Erfahrungsschätze weiter.

Irmgard Kutsch wird mit ihrer Arbeit und ihren Büchern zu einer Art Über-Großmutter, die die Lücken zwischen den Generationen schließt und den verunsicherten Kindern des 21. Jahrhunderts hilft, den Boden unter den Füßen zu bewahren. Nur wer die Möglichkeit hat, der Natur wirklich nahezukommen, der wird sie auch lieben lernen. Und wer sie liebt, der wird die Erde auch achten und schützen.

In diesem Band der Natur-Kinder-Garten-Werkstatt lernen Erzieher und Kinder, wie sie selbstgezogenes Gemüse ernten und zu leckeren, gesunden Mahlzeiten verarbeiten können. Kartoffeln kommen nicht im Plastiksack

aus dem Supermarkt, sondern aus der feuchten, braunen Erde – welch ein Unterschied!
Später im Herbst werden dann Wurzeln und Gräser gesammelt und Zweige geschnitten. Beim Korbflechten erwacht eine uralte Handwerkertechnik zu neuem Leben. Bevor es Winter wird, lernen die Kinder, was es heißt, ein schützendes Dach über dem Kopf zu haben, sich an einem guten Ort geborgen und zu Hause zu fühlen. Hausbau gehört zu den elementarsten Bedürfnissen der Menschen auf der ganzen Erde zu allen Zeiten. Ein selbst gebautes Gehäuse im Freien vermittelt ganz andere sinnliche Gefühle und Erlebnisse als genormte Wohnungen mit Betonwänden und Kunststofffenstern, die die Umwelt rigoros ausschließen.
In der dunklen, kalten Jahreszeit gewinnen Licht und Wärme besondere Bedeutung. Wenn sie nicht anonym und unsichtbar aus der Steckdose kommen, sondern von einer selbst gezogenen Bienenwachskerze ausstrahlen, dann lösen sie ganz andere Empfindungen aus: Im duftenden Wachs lebt auch die Erinnerung an den blühenden Sommer und das emsige Leben der Bienen auf. Solche und zahlreiche andere Anregungen werden in diesem Band vermittelt – als praktische Anleitung und als philosophisch-pädagogische Vertiefung. Beim Lesen und beim Betrachten der lebensvollen Bilder bekommt man Lust zum Mitmachen, Mitfühlen, Miterleben. Und genau das ist auch beabsichtigt. Die Natur-Kinder-Garten-Werkstatt hat ihre Tore weit geöffnet für alle, die mitarbeiten möchten.

Ich wünsche Irmgard Kutsch und Brigitte Walden von Herzen, dass sie mit ihrer wertvollen Arbeit und mit ihren lebendigen Büchern viele Menschen erreichen und viele Kinder glücklich machen.

Reichshof, im Mai 2001

Marie-Luise Kreuter,
Gartenbuchautorin

Der Weg zu dieser Buchreihe

Den kindlichen Forscherdrang unterstützen

Das ist Saskia, zwei Jahre alt. Wie fast alle Kinder dieses Alters bringt sie ein großes Maß an natürlichem Weltinteresse mit. Zwei Stunden war sie unermüdlich damit beschäftigt, die Äpfel unterm Apfelbaum aufzusammeln und jeden einzelnen zum Wassertopf zu bringen, um ihn dort zu waschen. Staunend entdeckte sie, dass die Äpfel, obwohl sie sie mit Hingabe immer wieder untertauchte, nicht auf den Boden des Wassertopfes sanken, sondern ganz eigenwillig immer wieder auftauchten. Diese Tatsache löste bei ihr größtes Vergnügen aus und motivierte sie, es Apfel um Apfel weiter zu versuchen.
Die frisch gefallenen Äpfel verströmten einen so köstlichen Duft, dass Saskia sich bei der einen oder anderen Frucht zum Hineinbeißen eingeladen fühlte. Offensichtlich behagte ihr der noch säuerliche Geschmack dann doch nicht ganz, und sie wandte sich dem nächsten grün-gelb leuchtenden Exemplar zu. Immer wieder versuchte sie die Form der Früchte mit beiden Händchen ganz zu umschließen, ehe sie sie mit Schwung aus geringer Entfernung zu den anderen in den Wassertopf warf, wo ein dumpf-platschendes Geräusch entstand.
Unermüdlich tippelte sie im Eilschritt über den holprigen Gartenboden, und ihre Muskulatur wie auch der Gleichgewichtssinn hatten viel zu leisten, um immer wieder das Hinfallen zu verhindern.
Ihre Hose und ihr Pullover hatten schließlich so viel Wasser aufgesogen, dass Saskia trotz lautstarken Protests von ihrer Mutter aus ihrer selbst gewählten und höchst konzentrierten Tätigkeit abberufen wurde.

Die Vielfalt an Wahrnehmungen und Entwicklungsmöglichkeiten der Sinne war in dieser Situation noch um ein Vielfaches größer als hier beschrieben. Im Eifer ihres Tuns bekam Saskia eine frische, gesunde Gesichtsfarbe, und ihre Hände und Füße waren trotz der Arbeit im kalten Wasser hinterher mollig warm, fast glühend. So viel Bewegung in frischer Luft verursachte einen kräftigen Appetit: Saskia saß rechtschaffen müde, aber ausgeglichen vor ihrem Teller und füllte die üppig verbrauchten Energien wieder auf. Es folgte ein wohliger ausgiebiger Mittagsschlaf. Nach so viel Aktion war einfach Ruhe angesagt.
Die beschriebene Situation ist eine von unzähligen, die mir immer wieder vor Augen führen, welch große Bedeutung das Leben in und mit der Natur für die kindliche Entwicklung hat. Das zeigte sich mir insbesondere bei der Arbeit mit behinderten Kindern in Sonderschulen und Kindergärten. Draußen – in natürlicher Umgebung – zu sein wirkt harmonisierend. In der Natur hat der Erwachsene viel eher die Möglichkeiten, den Kindern überschaubare Lebenszusammenhänge anzubieten, innerhalb derer sie sich orientieren können.
Diese Buchreihe mit insgesamt vier Bänden, die jahreszeitlich gegliedert sind, ist daher als Orientierungshilfe für Erwachsene gedacht, die in Kindertagesstätte, Grundschule, Hort, in der Jugendgruppe, in der Arbeit mit seelenpflegebedürftigen Kindern, aber auch in der Familie Kinder auf ihrem Entwicklungsweg naturnah

begleiten wollen. In einzelnen Werkstattepochen wollen wir die Kinder mit Naturvorgängen bekannt machen. Dabei ist jeder Band in sich abgeschlossen und zum unmittelbaren Gebrauch gedacht.

Die Natur-Kinder-Garten-Werkstatt Reichshof

Wie mag wohl unsere Welt in zwanzig bis dreißig Jahren aussehen? Welche Fähigkeiten sollten Kinder von heute schon in jungen Jahren erwerben, um in ihrem späteren Leben innovative Ansätze für die Gestaltung einer l(i)ebenswerten Zukunft finden zu können?
Diese Fragen haben im Jahre 1994 zur Gründung der Natur-Kinder-Garten-Werkstatt Reichshof e.V. durch Irmgard Kutsch geführt. In ihrer über vierzigjährigen naturbezogenen Arbeit mit Kindern, Jugendlichen und Erwachsenen beobachtete sie, dass die Zahl der Kinder mit Entwicklungs-, Wahrnehmungs- und Bewegungsstörungen sowie mit extremen Verhaltensauffälligkeiten beständig zunahm. Dies ist unter anderem darin begründet, dass den Kindern in virtuellen Scheinwelten vorgegaukelt wird, sie könnten allein über ihren visuell-auditiven Sinneskanal Zugang zu Erfahrbarem bekommen. Der Zugang zur Welt kann in Wirklichkeit aber nur durch tätiges Erleben inmitten dieser Welt geschaffen werden.

Begreifen durch «Be-greifen»

Parallel zu dieser Entwicklung haben die Schädigungen in der Natur ein solches Ausmaß angenommen, dass die Notwendigkeit für den Erwerb eines verantwortungsbewussten Verständnisses der Mitwelt im Sinne einer neuen ökologischen Kultur immer größer wird.
Der Arbeit der Natur-Kinder-Garten-Werkstatt liegt daher eine Konzeption zugrunde, die sich am Menschen mit seinen anthropogenen und soziokulturellen Voraussetzungen im Hier und Jetzt orientiert. Den Leitfaden hierfür bildet die Natur mit ihren jahreszeitlichen Abläufen und Erscheinungen.
Im Mittelpunkt aller Bemühungen steht das Kind mit

seinen natürlichen Bedürfnissen wie Spieltrieb, Experimentierfreude, Bewegungsdrang und so weiter. Umgeben von einer von Liebe und Geborgenheit geprägten Atmosphäre kann es sich am sinnvoll handelnden Erwachsenen orientieren. So hat es die Möglichkeit, sich neben einem naturwissenschaftlichen Grundverständnis auch die Basis für ein umfassendes Weltinteresse zu erwerben. In der Natur-Kinder-Garten-Werkstatt wird deshalb Wissen in erster Linie durch elementare praktische Erfahrung generationsübergreifend vermittelt. Die ausgewählten Themen stehen sowohl in regionalen als auch überregionalen kulturhistorischen Zusammenhängen. Durch das bewusste Einbeziehen interkultureller Bedingungen und unter dem Aspekt des künstlerischen Gestaltens ist die Arbeit gezielt gegenwartsbezogen, zugleich aber auch zukunftsweisend. So lernen Kinder verschiedener Kultur- und Religionszugehörigkeiten in Toleranz und Aktzeptanz miteinander zu leben. Weitere Informationen zur Natur-Kinder-Garten-Werkstatt finden sich in Band 1.

Ebenfalls möchten wir das Augenmerk darauf richten, dass die heranwachsende Generation durch ein kooperatives Netzwerk von wissenden und fähigen Mitmenschen aus ihrem isolierten Inseldasein in Kindergarten und Schule herausgeführt werden kann – mit dem Ziel, eine neue soziale Kultur zu schaffen. Wenn Kinder und Jugendliche im Wahrnehmen, Denken und Tun des Erwachsenen einen wegweisenden Wertemaßstab entdecken, so kann sich dies für die Zukunft gewaltprophylaktisch auswirken. Eine umfassende Gesundheitsprävention im Kindesalter wird – wenn sie gelingt – auch drogenprophylaktische Bedeutung haben.

Ein solches Vorbild weckt die Freude und das Interesse daran, sinnerfülltes Tätigsein nachzuahmen, und weckt den Wunsch, eigene Freiräume für fantasievolle Ausdrucksmöglichkeiten und kreatives kindliches Schaffen zu ergreifen. So wird nicht nur eine positive Einstellung zur Arbeit ausgeprägt, sondern darüber hinaus ein Beitrag zur ökologischen und sozialen Friedenserziehung geleistet.

Reichshof, im März 2016 *Irmgard Kutsch*

SEPTEMBER: OBST UND GEMÜSE ERNTEN

«Der Mensch lebt nicht vom Brot allein»

Der Stolze Heinrich, eine typische Spätsommer- und Herbstblume.

Unter dem Tierkreiszeichen Jungfrau (♍) klingt der Lebenshochsommer in der Natur allmählich aus. Der Säftestrom in den Pflanzen vermindert sich. Die Fülle des Sommers rundet sich mit sinkender Sonne zur Fruchtbildung. Im reifenden Samen, in der schwellenden Frucht konzentriert und verdichtet die Pflanze die sommerliche Licht- und Wärmefülle, die sie aus dem Kosmos entgegennahm.
Viele Blumenstauden erscheinen jetzt in warmen Braun-, Rot- und Gelbtönen.
Am 23. September, also mit Beginn des Tierkreiszeichens Waage (♎), ist die Herbst-Tagundnachtgleiche. Für unsere Zugvögel wirkt sie wie ein Signal, sich auf den Weg nach Süden zu begeben.
Viele Tiere, z.B. das Eichhörnchen, legen sich in der Zeit des Früchteüberflusses Vorratsnester für die kalten und kargen Jahreszeiten an.
Auch für den Menschen ist es Zeit zu ernten, was zusätzlich zum Getreide im Frühjahr gesät und gepflanzt wurde. Die meisten heimischen Obst- und Gemüsearten sind jetzt ausgereift.

Woher kommen Obst und Gemüse?

Noch können wir uns zu denjenigen zählen, die in einem Land des Wohlstandes und des Überflusses leben dürfen. Viele unserer Mitmenschen sind daran gewöhnt, zu jeder Zeit all das haben zu können, was sie begehren. Wo man in unserem Lande auch hinblickt: Der Supermarkt ist allgegenwärtig. Dort gibt es ein vielfältiges Warenangebot aus aller Herren Länder – ganz besonders in der Obst- und Gemüseabteilung.
Versuchen wir doch einmal, die Produktionsschritte und die Transportwege der Waren, die sich schließlich in unserem Einkaufskorb wiederfinden, gedanklich zurückzuverfolgen.
Zugegeben: Viele der Früchte, die nach Deutschland importiert werden, stammen aus Ländern, in denen Hungersnot und bittere Armut herrschen. Das gilt beispielsweise für Bananen. Als die Obstsorte Nummer eins finden wir sie in den Supermärkten auf der Tastatur jeder Selbstbedienungswaage an erster Stelle. Durch den Luxuskonsum der Reichen wird jedoch die Nahrungsbasis der Armen zerstört; die Überernährung in den Industrieländern verursacht vielfach den Mangel in der sogenannten dritten Welt.
Es gilt, ein Gegenbild zu der den Markt überschwemmenden lebens- und menschenfeindlichen Warenproduktion zu schaffen, aber auch ein Gegenbild zu dem auf Verdrängung und Vernichtung ausgerichteten Konkurrenzprinzip der propagierten freien Marktwirtschaft. Wir brauchen ein Warenangebot, bei dem auf die Anforderungen der Lebensgesetze Rücksicht genommen wird. Auch die Unabhängigkeit von Mammutkonzernen und Supermarktketten sowie der Verzicht auf Nahrungs- und Futtermittelimporte aus Hungerländern wäre anzustreben.
Einen Silberstreifen am Horizont gibt es bereits: Immer mehr konventionelle landwirtschaftliche Betriebe erkennen den verheerenden Irrtum der Vermassungswirtschaft bei Haustier und Kulturpflanze mit allen Konsequenzen für die Schöpfung. Es gibt immer mehr Umstellungsbetriebe, die sich der naturnahen Anbauweise zuwenden und Grundnahrungsmittel wie Obst, Gemüse, Eier, Milch- und Getreideprodukte wohnortnah anbieten

Alles Natürliche birgt ein Geheimnis.

können. Sie sind zusammengefasst in streng kontrollierenden Organisationen wie Demeter, Bioland, Naturland, Neuland und anderen.

Demeterhöfe tragen Sorge für die Pflege der Schöpfung

Das Futter für die hofeigen gezüchteten Tiere auf den Demeterhöfen z.B. kommt ausschließlich aus dem betriebseigenen landwirtschaftlichen Produktionsprozess. Der Dünger für Weideflächen, Getreideäcker und Gemüsegärten stammt von sorgsam gepflegten Kompostmieten; er wurde aus dem Mist der hofeigenen Tiere gewonnen und mehrere Jahre gelagert. Somit ist ein Demeterhof ein in sich geschlossener Hoforganismus.
Viele dieser Bauernhöfe verstehen sich keineswegs nur als «Tier- und Pflanzenproduzenten zur Sicherstellung menschlicher Ernährung». Vielmehr kümmern sie sich auch um den pfleglichen Umgang mit der Erde und ihren Klein- und Kleinstlebewesen, was zum gedeihlichen

Lernen mit Kopf, Herz und Hand: «Wie kommt der Zucker in die Milch?» – «Wie wird aus Milch Käse?» – «Was fressen die Kühe im Winter?» Das sind immer wieder die Fragen von Kindern. Die Antworten lassen sich wie von selbst durch ***Mitmachen*** *finden.*

Diese Rübenlaterne entstand beim Erntedankfest auf einem Demeterhof.

Werden und Wachsen führt. Stets haben sie das Gleichgewicht im Auge. Das Zusammenspiel von Erde, Wasser, Luft und Licht bis hin zum Einfluss der Gestirne wird in alle Tätigkeiten des Säens und Pflegens mit einbezogen. Heute geht es darum, weisheitsvoll gefügte Zusammenhänge vom Staub alter Traditionen zu befreien und mit wachem, zeitgemäßem, kritischem Bewusstsein neu zu überdenken.

Von vielen dieser Höfe geht ein starker kultureller Impuls aus. Interessierte Kunden bilden Genossenschaften sowie Hofgemeinschaften, sie betrachten sich nicht nur als Konsumenten, sondern fühlen sich mitverantwortlich für Wachstum und Pflege der Kulturpflanzen und der Haustiere. So mancher Stadtmensch findet hier tiefe Befriedigung und gesundheitlichen Ausgleich zu Büroarbeit und lautem Stadtleben.

Den Biohöfen ist es hoch anzurechnen, dass sie vielfach neben ihrer schweren Arbeit durch ein Angebot von Vorträgen und anderen Informationsveranstaltungen wie Feldrundgängen, Exkursionen usw. auch noch Kulturimpulse setzen. Von weit her kommen die Menschen angereist, nicht nur um die Jahresfeste in ihrem Naturzusammenhang mitzuerleben. Der Wert der Nahrungsmittel als «Lebens-Mittel» erhält für sie eine neue wesentliche Bedeutung. Kinder wie Erwachsene können erfahren, wie mühevoll die Arbeit im ökologischen Landbau mit wenig Maschineneinsatz und viel Handarbeit ist; sie erleben, dass die Mitarbeiter eines Hofes bei widrigen Witterungsverhältnissen wie Nässe, Kälte, Sturm, Hagel, großer Dürre oder frühzeitigem Frost ständig um den Erntesegen bangen müssen.

Naturgemäße Vollwertkost im Kindergarten

Besonders für Kindergärten und Schulen sind diese Alternativen der Landwirtschaft von Interesse. Will man die Ernährung im Kindergarten oder in der Schule auf naturgemäße Vollwertkost umstellen, könnte das bedeuten, dass im Rahmen von Eltern- und Erzieherfortbildungen nicht nur die entsprechenden Landwirte und Betreiber der Bioläden mit einbezogen werden, sondern auch Fachkräfte aus der Ernährungsberatung, denen besonders Fragen der Gesundheit und einer Vollwerternährung ein Anliegen sind, sowie ganzheitlich orientierte, mit der Naturheilkunde vertraute Mediziner. Jede einzelne Erzieherin, der die Kinder einen Großteil der Tageszeit anvertraut werden, würde sich somit von Fachleuten in ihrer verantwortungsvollen Aufgabe der präventiven Gesundheitspflege begleitet wissen.

In jedem Fall ist es wichtig, gesunde Kost möglichst zum Frühstück, zur Mittags- und zur Nachmittagsmahlzeit in die Kindergartenkonzeption mit aufzunehmen. Damit kann man den Eltern bewusst eine zusätzliche Entscheidungshilfe für die Auswahl eines Kindergartens geben.

Wie froh und dankbar können wir sein, wenn alles so gut gediehen ist wie auf diesem Erntewagen!

Ob gesunde Ernährung umgesetzt werden kann oder nicht, hängt in erster Linie von den verantwortlichen Erzieherinnen ab. Wenn sie von ihrem Konzept überzeugt sind und alle Tätigkeiten, die mit der Nahrungsvor- und -zubereitung zu tun haben, als Bereicherung für die pädagogische Konzeption ansehen können, werden sich auch die Träger nicht mehr sperren.

Die Initiative «Gesunde Ernährung» der Stadt Wiesbaden

Der Stadt Wiesbaden ist es z.B. gelungen, in allen städtischen Kindertagesstätten den weit über zweitausend Kindern im Alter zwischen einem und zwölf Jahren täglich mindestens eine frisch zubereitete, warme Mahlzeit anzubieten. Für diese Initiative «Gesunde Ernährung» wurden Grundlagenprinzipien formuliert:

- Pflanzliche Lebensmittel sind zu bevorzugen.
- Lebensmittel sind so natürlich wie möglich zu belassen (Vermeidung von unnötiger Lebensmittelverarbeitung).
- Etwa die Hälfte der Nahrungsmenge ist als unerhitzte Frischkost (Rohkost) zuzubereiten.
- Lebensmittelzusatzstoffe sind zu vermeiden.
- Erzeugnisse aus kontrolliertem ökologischem Anbau sind zu bevorzugen.
- Der Bezug von Obst und Gemüse sollte aus der Region erfolgen.
- Ausgewogene und abwechslungsreiche Speiseplan-Angebote sind zu erstellen, bestehend aus Vollkornprodukten, Obst, Gemüse, Kartoffeln, Hülsenfrüchten, Milch, Milchprodukten sowie kleineren Mengen an Fisch, Fleisch und Eiern.
- Die Mahlzeiten sollten schonend und schmackhaft zubereitet und optisch ansprechend serviert werden.

Dass die Umsetzung dieser Prinzipien in die Praxis so erfolgreich gelungen ist, wird auf die ernährungs- und umweltbewusste Haltung vieler pädagogischer Fachkräfte und der Verantwortlichen in den entsprechenden Einrichtungen zurückgeführt. Schaut man in den Themenfahrplan des Fortbildungsangebots, wird der Weg zu diesem erreichten hohen Niveau deutlich:

- Die «Deutsche Gesellschaft für Ernährung» stellt sich vor.
- Das «Forschungsinstitut für Kinderernährung» berichtet von seiner Arbeit.
- Grundlagen der Ernährungslehre
- Besuch beim Hausfrauenbund Hessen
- Thema Fleisch: Pro und Kontra
- Gesunde Lebensmittel von Erzeugern der Region
- Getreidekunde
- Besichtigung einer Vollkornbäckerei
- Der Eiweißbedarf des Menschen
- Weihnachtszeit: Backen mit Honig und Gewürzen – das Vollkorn-Backvergnügen alle Jahre wieder
- Besuch im Umweltladen: ökologische Erziehung und gesunde Ernährung
- Folgen der Überernährung
- Allergien und Essstörungen
- Besuch der Verbraucherzentrale: Lebensmittelhygiene und Bestimmungen
- Kräuterkunde: Inhalte, Wirkung und Anwendung. Besuch im Apothekergarten.

An all diesen praxisbegleitenden Fortbildungsmaßnahmen, die über Jahre hinweg angeboten wurden, nahmen selbstverständlich auch die in den Küchen tätigen Mitarbeiterinnen teil. Damit in den Kindertagesstätten diese verantwortungsvolle Konzeptionsarbeit verwirklicht werden kann, unterstützt der Träger die Mitarbeiterinnen vor Ort (Leitungen, Erzieherinnen, Küchenfrauen, BSHG / ABM-Kräfte) durch Beratung, Fortbildung und Qualifizierungsmaßnahmen; er stellt die Betriebsmittel zur Verfügung und sorgt für die personellen Ressourcen.
Schließlich seien auch noch die schönen Feste erwähnt, die im Verbund aller Kindertagesstätten gefeiert werden und mit Namen wie «Multikulturelles Küchenfestival» oder «Küchenfrauen gegen Fremdenfeindlichkeit: Internationales Kochen in den Wiesbadener Kindertagesstätten» gekrönt sind. Da geht Liebe im wahrsten Sinne des Wortes durch den Magen.

Lange sind sie gewachsen, die dicken Kürbisse, oft besucht und bestaunt von den Kindern. Nun werden sie in köstliche Kürbissuppe und in lustige Laternen verwandelt.

Die *gesunde Ernährung* ist ein «typisches Trägerprofil» der Stadt Wiesbaden geworden.
Wir haben dem Ergebnisbericht der langjährigen konzeptionellen Bemühungen der Stadt Wiesbaden um eine gesunde Ernährung in ihren Kindertagesstätten so viel Platz eingeräumt, weil wir hoffen, dass es auch andernorts als Argumentationshilfe gegenüber Trägern, Aufsichtsbehörden oder Eltern dienen kann.
Es ist zu wünschen, dass gesunde Ernährung nach dem Vorbild des Wiesbadener Modells bald in allen Kindergärten als selbstverständliches Element verwirklicht wird.
Die gesamte Initiative begann nach dem Motto «Gemüse

Erzieherinnen lernen Kräuter- und Gemüsepflanzen in der Natur-Kinder-Garten-Werkstatt kennen.

statt Rasen» – zusammen mit den Kindern baute man in kleinen Gärtchen und auf Hochbeeten «Lebensmittel» an, dann legte man allmählich Beete an und pflegte sie – und kam so vom Arbeiten über das Ernten zum Speisen. Der Ernährungsalltag wurde in einen ökologischen Zusammenhang gestellt.
Für die Kinder bedeutet das, anstatt ausschließlich zu konsumieren aktiv an der Entstehung und Zubereitung ihrer eigenen Nahrung beteiligt zu sein.
Mit der Entscheidung, Frauen aus beschäftigungspolitischen Maßnahmen in diesen Prozess zu integrieren, können zusätzlich hauswirtschaftliche Helferinnen eingestellt werden, die es ermöglichen, die «Ernte» frisch zu verarbeiten. Auf diese Art und Weise wird nicht nur für die Kleinen das Entstehen einer Mahlzeit sinnlich nachvollziehbar und die Qualität des Essens deutlich gehoben, sondern es ergibt sich auch ein ökonomischer Vorteil für die Eltern: Selber-Kochen ist preiswerter!

Auch anderenorts trifft man ähnliche Beispiele konzeptioneller Bemühungen, bei denen die gesunde Ernährung als wichtiger Bestandteil pädagogischen Arbeitens angesehen wird. Die folgenden Abschnitte enthalten konkrete Informationen, die zur Nachahmung anregen mögen.

Wo kann man um Rat fragen?

Besteht der Wunsch eines Kindergartens, von folienverschweißtem Essen oder Lebensmitteln in Dosen auf gesunde Vollwerternährung umzusteigen, kann man sich beratende Hilfe bei benachbarten Kindergärten holen, wobei insbesondere die Waldorfkindergärten zu nennen sind. Dort gehört schon seit vielen Jahrzehnten das Zubereiten der gemeinsamen, gesunden Mahlzeiten zum pädagogischen Konzept. Die Waldorfpädagogik weiß um die Lebens- und Sinnesfreude, mit der das Zubereiten von natürlichen Speisen verbunden ist.
Weitere Ansprechpartner sind außerdem die Gesundheitsberater der Kommunen und Krankenkassen. Leider gehört es noch zu den Zukunftsvisionen, dass aus allen Krankenkassen «Gesundheitskassen» werden, die Gesundheitsprävention in jeder Art und Weise unterstützen – und dies erst recht bei unseren jüngsten Mitbürgern.
Kindergärten berichten, wie die Zahnärzte des öffentlichen medizinischen Vorsorgedienstes bei ihren alljährlichen Routineuntersuchungen verblüfft waren, wenn sie bei den kleinen Kindern «naturgesunde Gebisse wie Perlenketten» diagnostizieren konnten, finden sie doch sonst oft schon bei den ganz Kleinen ein anderes Bild vor: Die Zähne als härteste Substanz im menschlichen Körper sind von denaturierter verzuckerter Nahrung wie schwarze Stummelrudimente vorgeschädigt.
Für die Volksgesundheit der kommenden Generation ist es von unschätzbarem Wert, wenn es künftig gelingt,

Frisch geerntete Kräuter werden verarbeitet. Muldenbretter und Wiegemesser mit zwei Schneiden erleichtern den Kindern die Arbeit.

Sehen, Riechen, Tasten, Schmecken – tagtäglich machen die Kinder in Waldorfkindergärten bei der Zubereitung frischer Mahlzeiten elementare Sinneserfahrungen.

Nahrung wieder als «Lebens-Mittel» zu erkennen und diese Erkenntnis kleinen Kindern als zurück-gewonnene Selbstverständlichkeit anzubieten.
Übrigens: Kindergärten mit dem Konzept einer konsequent naturnahen Ernährungsweise gehören zu den Lieblingskunden der Biobauern und Bioläden. Sie werden bei kontinuierlicher Abnahme gerne regelmäßig beliefert. Daher kann man das Beste vom Besten – z.B. die Gemüse-Abo-Kiste oder frisch gebackenes Brot sowie köstliche Vorzugsmilch, aromatischen Quark und leckeren Joghurt – allwöchentlich frei Haus geliefert bekommen.
Wer solche Gedanken akzeptieren kann und unterstützen möchte, wird zu einem völlig neuen Ernährungsbewusstsein kommen und dieses in den Kindergarten hineintragen können.

Gemeinsames Essen – auch eine Frage der Kultur

Aus den Erfahrungen vieler Kindergartenjahre sei hier gesagt, dass es bestimmter Grundvoraussetzungen bedarf, die zu erfüllen sind: Neue Essgewohnheiten lassen sich leichter verwirklichen, wenn alle Kindergartenmahlzeiten täglich mit den Kindern zubereitet werden.
Fest- und Feiertage sollten sich unter anderem auch durch ein dem Sinngehalt des Festes entsprechendes Festmahl deutlich vom «Normalen» abheben. Hier sind der Fantasie keine Grenzen gesetzt. Kulturleben kann sich eben auch in den Ritualen der Mahlzeiten äußern. Bezieht man darüber hinaus all die feinen Leckereien mit ein, die Eltern und Verwandte aus dem nahen und fernen Ausland beisteuern – und die oft damit verbundenen Rituale der jeweiligen Kultur im Jahreskreislauf –, dann wird es möglich, den einheimischen Kindern (und ihren Eltern) einen Blick «über den eigenen Tellerrand» hinaus

Schon früh teilhaben dürfen an sinnvoller, «richtiger» Arbeit. Lieblingsbeschäftigung dieser Zweijährigen: Salat waschen für die ganze Hofgemeinschaft.

In großer Runde schmeckt es am besten, waren die Kinder doch während der gesamten Zubereitung des Essens mit Schauen, Riechen, Schmecken, Hören und Tasten beteiligt.

zu bieten und für die ausländischen Kinder (und ihre Verwandtschaft) einen Teil ihrer Kultur mit der unseren zu verbinden. In einer multikulturellen Welt findet man sich mit erweitertem Blickfeld einfacher zurecht: Aus der multikulturellen Welt wird eine interkulturelle Gesellschaft.

Wenn man verantwortungsbewusst über das *Was* bei der Ernährung nachgedacht hat, gilt es im Rahmen der konzeptionellen pädagogischen Arbeit auch über das *Wie* im Sinne des Einübens von Kulturtechniken zu entscheiden:

- zusammen an einer großen Tafel speisen
- den Tisch gemeinsam decken und schmücken
- das gemeinsam zubereitete Essen zusammen servieren
- gemeinsam einen Tischspruch sprechen (einige Beispiele für Tischsprüche finden sich in Bd. 2)
- abdecken und zusammen alles arbeitsteilig reinigen und wegräumen.

Nachahmend – durch tägliches Wiederholen des Spruches – können die Kleinen langsam erahnen, dass wohlklingende Laut- und Reimsprüche für offene, erwartungsvolle Herzen eine reiche innere Nahrung bieten. Außerdem üben sie unbewusst an der kraftvollen Ausbildung ihrer Artikulation, wenn Erwachsene immer wieder freudig und vor allem schön und deutlich vorsprechen.

Zusammenhänge verstehen – Sinne schulen

Wenn die Kinder bei der Ernte und der Zubereitung von Obst und Gemüse – das womöglich noch im eigenen Garten angebaut wurde – beteiligt sind, verinnerlichen sie am allerbesten komplexe Lebenszusammenhänge und Handlungsabläufe. Zudem muss man den Bereichen der Sinneswahrnehmung, der Sinnesschulung und der Feinmotorik dann nicht extra Rechnung tragen. In manchen Kindergärten hat man beispielsweise die Möglichkeit, Äpfel vom eigenen Baum oder aus dem nachbarlichen Garten zu ernten. Viele Köstlichkeiten lassen sich damit zubereiten.

Zu dieser Jahreszeit möchten wir die üppige Fülle des Sommers einfangen, um sie für Herbst und Winter haltbar zu machen. Die Freude der Kinder ist sehr groß, wenn sie die selbst geernteten und weiterverarbeiteten Früchte in der kalten Jahreszeit im Quark, Müsli oder Geburtstagskuchen bzw. als Marmelade auf Brötchen oder Brot und als Fruchtschnittenstückchen zu besonderen Anlässen wiederfinden. (Einige Grundrezepte finden sich im folgenden Abschnitt.)

32 heimische Apfelsorten hat Olaf Schriever, Mitarbeiter der Biostation des Oberbergischen Kreises, in die Grundschule in Reichshof-Hunsheim mitgebracht.

Die Eigenarten der Sorten werden durch Betrachten, Fühlen und besonders das Verkosten bestimmt und in einem Protokoll festgehalten. So macht Unterricht Spaß.

Der schönste Apfel vom Baum: EU-Norm? Nein, danke!

Sternrenette, Glockenapfel, Goldparmäne, Rotes Seidenhemdchen, Schafsnase heißen die regionalen Apfelsorten. «Warum können wir die nicht im Dorfladen kaufen?», fragen die Grundschulkinder. «Die schmecken doch so lecker!»

Zu den Abbildungen auf Seite 25:
1: Brombeeren gehören ihrer Dornen wegen zu den Pflanzen, die von Kindern sehr respektvoll behandelt werden. Die köstlichen Früchte entlocken den Kindern beim Ernten ein äußerst differenziertes, feinmotorisches Leistungsvermögen.
2: Ernte der Kisten-Kartoffeln. Für Kindergärten mit bescheidenen Platzverhältnissen sind solche Kisten eine gute Möglichkeit, «eigene» Früchte zu ernten und den Kartoffelanbau von der keimbereiten Kartoffel bis zur Ernte mitzuverfolgen (siehe auch Bd.1, April-Kapitel).
3: Wird das Obst frisch vom Baum verarbeitet, können die Kinder die Geschmacksqualitäten besonders gut wahrnehmen, und das Aroma des Obstes bleibt besser erhalten.
4: Die Kinder pressen unter Vaters Anleitung frischen, fruchtigen Apfelsaft.

1

2

3

4

Grundrezepte für erntefrische Produkte

Bratäpfel

Die Äpfel werden mit einem Apfelausstecher vom Kerngehäuse befreit und mit Nüssen, Honig und Zimt gefüllt. Ein Butterflöckchen obenauf nicht vergessen!
Pro Person rechnet man einen Apfel.
Auf der offenen Feuerstelle gebacken, schmecken sie einfach himmlisch!

Marmelade für den Wintervorrat

1000 g Früchte
750 g Gelierzucker

Das gereinigte und entsteinte Obst zerkleinern. In einen großen, flachen Topf geben und langsam aufkochen. Den Zucker allmählich dazugeben. Die Marmelade unter ständigem Rühren noch eine halbe Stunde kochen lassen, bis so viel Flüssigkeit verdampft ist, dass die Masse dick wird. Auf einem Teller macht man eine Gelierprobe. Die Marmelade wird vorsichtig in sorgfältig gespülte Gläser gefüllt und mit einer Einmachhaut verschlossen.

Großmutters Bratäpfel sollen auf der offenen Feuerstelle gebrutzelt werden.

Melodie: L. Henning

2. Der Herbst mit bunten Streifen
Zum Erntefest uns drängt.
Er lässt nun alles reifen,
was an den Bäumen hängt.

3. Die Äpfel, Birnen, Pflaumen,
Die Trauben groß und klein,
In unsren schönen Körben,
Da tragen wir sie heim.

Marmelade aus frischem Obst

750 g frisches Obst
250 g Honig
2 gehäufte Teel. Agar-Agar

Das frische Obst wird mit Honig und Agar-Agar gemischt und unter ständigem Rühren erwärmt, jedoch nicht über 40 °C. Im erwärmten Zustand 10 Minuten quellen lassen. In Gläser füllen und im Kühlschrank aufbewahren. Haltbarkeit: 3 bis 4 Wochen im Kühlschrank.

Fruchtsaft (dampfentsaftet)

4000 g Früchte
400 g Zucker

Das Obst waschen, in den Fruchtkorb des Entsafters geben und mit Zucker bestreuen. In den unteren Teil des Entsafters 1 Liter Wasser geben. Den Topf zudecken und das Wasser zum Kochen bringen. Die Früchte werden bei mäßiger Hitze eine Stunde lang entsaftet. Dann füllt man den Saft in vorgewärmte Flaschen ab, die sofort verschlossen werden.

Gelee aus Fruchtsaft

1000 g Obstsaft, 1000 g Gelierzucker in einen Topf geben, 4 Minuten sprudelnd kochen lassen, in sorgfältig gereinigte Gläser geben und verschließen.

Obstkuchen mit Früchten der Jahreszeit

150 – 200 g Butter
150 g Zucker
Zitronenöl
2 ganze Eier
200 g Mehl, frisch gemahlen
2 gestr. Teel. Backpulver
(für 25 Kinder doppeltes Rezept nehmen)

Alle Zutaten gründlich verrühren, den Teig in eine gefettete Springform füllen und mit Obst belegen. 45 Minuten bei 180 °C backen.

Apfelpfannkuchen

(für 25 Kinder)

Aus 500 g frisch gemahlenem Vollwert-Weizenmehl, 4 Eiern, 1 l Milch und 2 Teel. Salz einen glatten Teig rühren. 500 g Äpfel entkernen und mit der Schale in feine Schnitze schneiden. Wenig Fett in die heiße Pfanne geben, einen kleinen Schöpflöffel Teig hinzutun und mit Apfelschnitzen belegen. Nach wenigen Minuten den Pfannkuchen wenden und von der anderen Seite garen.

Herzhafte Quark- oder Kräutersoße

(für 25 Kinder)

250 g Quark
250 g Dickmilch
1 Schuss Milch
1 Teel. Salz
2 Essl. Zucker
Saft von 2 Zitronen

Von allen im Garten zur Verfügung stehenden Kräutern nimmt man eine kleine Menge, z.B. drei Stängel Petersilie, zehn Halme Schnittlauch, etwas Kresse, Bohnenkraut, Salbei, Majoran, Borretsch, Zitronenmelisse und andere, möglichst auch wild gewachsene Kräuter, z.B. zarte junge Löwenzahnblätter, Spitzwegerich, Vogelmiere, Sauerampfer, Schafgarbenblätter, Schabockskraut oder Brennnessel und andere. Die Kräuter fein zerkleinern. Alle Zutaten in einer großen Schüssel vermischen und mit der Soße den geschnittenen Salat anmachen. Zum Verzieren kann man etwa Radieschenscheiben, Petersilienblättchen oder die hübschen hellblauen Borretschsternchen verwenden; auch die leuchtenden, gelb-roten Blüten der Kapuzinerkresse sind sehr dekorativ und lassen sich verzehren.

Früchte trocknen für den Wintervorrat

Äpfel und Birnen in Scheibchen schneiden, Pflaumen, Zwetschgen und Aprikosen halbieren, die Backbleche mit Pergamentpapier belegen und die Früchte gut ausgebreitet hinlegen und bei 40 – 50 °C langsam im Backofen oder auf dem Heizkörper trocknen.

Man kann das zum Trocknen vorgesehene Obst auch kleinschneiden und auf langen, starken Fäden zum Trocknen aufhängen.
Apfelschalen trocknen wir für den Früchtetee.

Apfeltrockenleitern bauen Kinder gerne selbst: mehrere Stöckchen werden schön sauber geschnitzt und durch gedrehte Kordeln verbunden. Knoten in den Schnüren halten die Abstände der Sprossen.

So erhalten wir getrocknete Apfelscheiben: Den Äpfeln das Kerngehäuse ausstechen, dünne Scheiben schneiden und auf einen Apfeltrockenständer hängen. An einem warmen Ort trocknen und später in ein schönes Glas als Wintervorrat füllen.

Herbstlied

Text und Melodie: L. Reubke

Handwerksunterricht für die früh eingeschulten Kinder

Die Freie Waldorfschule Oberberg in Gummersbach hat sich auf die besonderen Bedürfnisse früh eingeschulter Kinder mit den situations- und lebenspraktisch orientierten Tätigkeiten der Natur-Kinder-Garten-Werkstatt eingestellt.

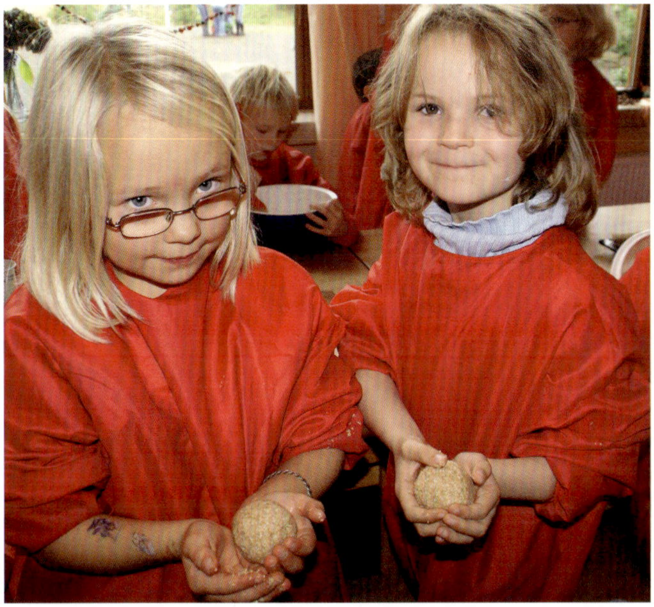

Im ersten Schuljahr findet dreimal pro Woche Handwerksunterricht statt. Hier: Apfelkuchenbacken.

Erntelied

Text und Melodie: L. Reubke

Das folgende nordische Märchen passt als Erzählstoff gut in die jetzige «Jahreszeit»:

Kännchenvoll

Es war einmal ein kleines Haus. Ganz armselig sah es aus, windschief und wackelig. Darinnen wohnte ein Mädchen. Es hatte den letzten Groschen ausgegeben und alles verzehrt. Nun hatte es nichts mehr, nur noch ein einziges Kännchen. Aber das war leer.

Das Mädchen hatte das Kännchen schön sauber gewaschen und gespült und stellt es nun draußen vor die Tür, damit es in der Sonne trocknen sollte. Und plötzlich, denkt nur an, da fing das Kännchen an zu laufen!

Es sprang die Stufen hinunter, holter kobolter, und lief die Straße entlang.

Wo will es nur hin, das Kännchen, so hübsch sauber gewaschen und gespült? Ich will's euch verraten: Es läuft zum Metzger. Dort steht gerade der Geselle am Tisch und schneidet das Suppenfleisch. Da läuft's hin.

Horcht! Jetzt kommt es zurück. Aber seht nur, es ist nicht leer! Da steckt etwas drin!

Nun klettert es die Stufen hinauf und klopft an die Tür. Das Mädchen hört das Klopfen und ruft: «Wer ist draußen?»

«Kännchenvoll!»

«Kännchen, was hast du mitgebracht?»

«Schau in mein Bullebäuchlein!»

«Suppenfleisch und Speck! Wer hat's dir gegeben?»

«Tisch war zu klein, fiel's hinein.»

«Ach, du gutes Kännchen du, komm schnell herein, wir wollen's kochen!»

Und das Mädchen nahm sogleich das Suppenfleisch aus dem Kännchen und kochte nun und brutzelte, dass vor Vergnügen das armselige Häuschen zu tanzen begann und der Rauch dick aus dem Schornstein puffte.

Am anderen Morgen hatte das Mädchen sein Kännchen wieder schön blank gewaschen und gespült und zum Trocknen auf die Treppe gestellt. Und was meint ihr, das Kännchen begann wieder zu laufen!

Es sprang die Treppe hinunter, holter kobolter, und lief die Straße entlang.

Wisst ihr, wo es diesmal hinläuft? Zum Bäcker! Dort schüttet gerade der Bäckerjunge die frischen Brezeln auf den Tisch. Da läuft's hin.

Wartet nur, gleich wird es wiederkommen.

Da ist es schon. Und wieder hat es etwas mitgebracht.

Jetzt klopft es an.

«Wer ist draußen?»

« Kännchenvoll!»

«Kännchen, was hast du mitgebracht?»

«Schau in mein Bullebäuchlein!»

«Das ganze Kännchen voll! Wer hat's dir gegeben?»

«Tisch war zu klein, fiel's hinein.»

«Ach, du gutes Kännchen du, komm schnell herein, wir wollen's essen!»

Das Mädchen nahm die Honigbrezeln aus dem Kännchen, kochte süßen Kaffee dazu und schleckte und leckte, dass vor Vergnügen das Häuschen wieder zu tanzen begann und der Rauch dick aus dem Schornstein puffte.

Dem armen Mädchen gefiel das recht gut.

Am nächsten Tag hatte es schon in aller Frühe das Kännchen hübsch sauber gewaschen und gespült und zum Trocknen draußen auf die Treppe gestellt. Und wieder fing es an zu laufen.

Es sprang die Stufen hinunter und lief die Straße entlang.

Wo läuft es nun hin, das Kännchen? Ich weiß es. Zum Wirtshaus! Dort sitzen gerade die Bauern am Tisch und zählen ihr Geld. Da läuft's hin!

Und es dauert gar nicht lange, so kommt's wieder zurück, kantapper, kantapper und bums, gegen die Tür!

«Wer ist draußen?»

«Kännchenvoll!»

«Kännchen, was hast du mitgebracht?»

«Schau in mein Bullebäuchlein!»

«Lauter blanke Taler! Wer hat sie dir gegeben?»

«Tisch war zu klein, fiel's hinein.»

«Ach, du gutes Kännchen du, komm schnell herein, wir wollen's zählen!»

Das Mädchen nahm sogleich das Kännchen, schüttelte alles Geld heraus und drehte die Taler um und um, dass vor Vergnügen das armselige Häuschen wieder zu tanzen begann und der letzte Rauch noch aus dem Schornstein puffte.

Nun könnt ihr euch denken, wie das Mädchen sich freute! Aber es wollte noch mehr haben. Und weil es recht gierig danach war, dachte es bei sich: Warum soll ich bis morgen warten, das Kännchen zu schicken? Es soll mir heute noch etwas bringen. Und sie wusch das Kännchen nicht, sie spülte es nicht, nein, sie stellte es sogleich hinaus auf die Treppe.
Und wahrhaftig, das Kännchen begann wieder zu laufen! Es sprang die Treppe hinunter und lief die Straße entlang bis zum Marktplatz. Da blieb es stehen.
Der Markt war gerade zu Ende, und die kleinen Mäuse hatten das Letzte noch aufgesammelt.
Nun schlüpfte ein Mäuslein ins Kännchen hinein, um darin zu schlafen. Als Kännchen das merkte, schlich es heim, ganz sacht, ganz sacht und klopfte an die Tür.
«Wer ist draußen?»
«Kännchenvoll!»
«Ach, du gutes Kännchen du, komm schnell herein!»
Was wird diesmal drinnen sein?, dachte das Mädchen und griff neugierig mit der Hand in das Kännchen. Da sprang das Mäuslein hervor.
«Du böses Kännchen du!», rief das Mädchen und wurde so zornig, dass es das Kännchen zur Tür hinauswarf. Und da war das Kännchen zerbrochen.
Wie nun das Mädchen aus dem Haus heraustrat und sah, dass das Kännchen zerbrochen war, da begann es zu weinen: «Ich armes Mädchen, was fang ich nun an?»
Zum Glück kam ein Bauer des Weges daher, der sagte:
«Komm mit auf meinen Hof, du kannst die Kühe melken!»
Da ging das Mädchen mit dem Bauern auf seinen Hof, melkte die Kühe, und es war zufrieden.

Weiterführende Literatur

Für Kinder

- Die Pfannkuchenmühle
- Der Pfannkuchen
- Die Historie vom Pfannkuchen

alle in: *Kleine Märchen und Geschichten. Arbeitsmaterialien aus den Waldorfkindergärten,* zusammengestellt von Freya Jaffke, Verlag Freies Geistesleben Stuttgart [13]2015.

Für Erwachsene

Christel Dhom, *An die Töpfe, fertig – lecker! Rezepte und Geschichten zum Kochen mit Kindern,* Verlag Freies Geistesleben, Stuttgart 2011.
Eve Marie Helm, *Feld-, Wald- und Wiesen-Kochbuch.* Verlag W. Heyne, München 1978.
Marie Luise Kreuter, *Der Biogarten.* BLV, München [20]2000
Ruth Topp / Anneliese Riffert, *Vollwertkost Zuhause. Preiswert und köstlich.* Verlag Topp und Riffert, Friedeburg [6]1987.

OKTOBER: FLECHT-WERKSTATT

Drunter und drüber erwünscht

Solange sich unter dem Tierkreiszeichen Waage (♎) die Tages- und die Nachtlänge buchstäblich die Waage halten, ist der Oktober noch golden, und die Früchte reichern sich in der Spätherbstsonne mit süßer Saftfülle an. So können wir sehen und hören, wie der Igel im Obstgarten schlemmt. Er sorgt für seine schützenden Fettpolster, die ihm über die kalte Jahreszeit helfen werden, wenn er Winterschlaf hält. Das Eichhörnchen legt reichlich Vorratsnester in der Erde an. Auch der Siebenschläfer sorgt für sein Überleben in der Kälte.

Das Grün, die Farbe der strömenden Lebenskräfte des Pflanzenreichs, zieht sich im Oktober ganz zurück, und man beobachtet ein zunehmendes Verfärben und Welken der Pflanzen, wenn Licht und Wärme allmählich abnehmen.

Die Natur wird noch einmal in einen Farbenzauber eingehüllt. Der Oktober ist der farbenprächtigste Monat des zweiten Halbjahres. Wälder und Felder erstrahlen jetzt unter dem spitzwinkligen Einfall der Sonnenstrahlen in voller Farbenpracht – bis schließlich der erste kalte Herbstwind kommt.

Es ist nun der Herbst gekommen,
hat das schöne Sommerkleid
von den Feldern weggenommen
und die Blätter ausgestreut.
Vor dem bösen Winterwinde
deckt er warm und sachte zu
mit dem bunten Laub die Gründe,
die schon müde gehn zur Ruh.

Joseph von Eichendorff

Bevor die welkenden Blätter fallen, leuchten Baum und Strauch in Gelb-, Orange-, Rot- und Brauntönen auf.

Zum Ende des Monats Oktober können die Kinder noch einmal intensiv im Garten arbeiten; die Natur schenkt uns jetzt ihre letzten Gaben des Jahres. Nun werden samentragende Gräser, Ochsenzungenstängel, Ebereschen- und Hagebuttenzweige gesammelt. Wir bündeln und trocknen sie, um sie für Zeiten mit strengem Frost und Schnee für die Vogelfütterung im Winter bereit zu haben. Auf diese Weise lernen die Kinder die natürlichen Nahrungsstoffe der Vögel kennen (siehe auch S. 69 ff., «Pflege unserer Vogelwelt»).

Flechtwerkstatt – «Drunter und drüber erwünscht»

Den entlaubten Strauch- und Baumgestalten wollen wir in dieser Zeit, in der das äußere Naturdasein zur Ruhe kommt, unser besonderes Interesse schenken, ebenso wie den Sommerblütenstauden in Beeten und am Teich, den Rankgewächsen an Hauswänden, Pergolen und Spalieren. Vieles lässt sich da finden, was wir ernten können, um daraus mit Kindern einfache Körbe, Tabletts, Untersetzer und anderes zu fertigen. Das Flechten von Körben aus den reichen Gaben der Natur ist eine Möglichkeit, sich das wunderbare Gefühl des Verbundenseins mit der Pflanzenwelt zu verschaffen.
Archäologische Forschungen haben ergeben, dass das Korbflechten eines der ältesten Handwerke ist. In allen frühen Kulturen trugen Menschen Getreide, Nüsse, Beeren, Kräuter, Pilze, Holz und vieles mehr von ihren Ernte- und Sammelausflügen in Körben nach Hause. Auch heutzutage unternehmen Menschen Ernte- und Sammelausflüge, lediglich mit dem Unterschied, dass sie als Ort dafür nicht die Natur, sondern den Supermarkt wählen, die Waren nicht selbst ernten, sondern aus zweiter und dritter Hand (aus Zweit- und Drittländern) erhalten und diese statt in einen Weidengeflechtkorb in den stählernen Einkaufswagen legen. Die Tendenz dieser Entwicklungsgeschichte spricht für sich.

Korb- und Flechtwaren dienten vielerlei Zwecken:

- zum Sammeln, Trocknen und Lagern
- als Möbel- und Kleidungsstücke
- als Fortbewegungsmittel
- als Boote und Häuser.

Die Natur hat jede bewohnbare Region der Erde mit Pflanzen versehen, die sich flechten lassen. Die Zahl der hierzu geeigneten Pflanzen ist nahezu endlos. Noch heute verwendet man beim Korbmachen die gleichen Methoden wie die Menschen der allerfrühesten Kulturen.
Begibt man sich gemeinsam mit Kindern auf die Suche nach geeignetem Material, wirkt dies bildend auf ihr Differenzierungsvermögen für Gestalt, Farbe, Form und

Geflochtene Tragekiepe aus dem Heimatmuseum Bad Reichenhall

Struktur der Pflanzen. Die Eigenschaften der Materialien, die benutzt werden, geben Hinweise auf die Art des Verarbeitens. Beim Sammeln ist darauf zu achten, dass keine unter Schutz stehenden Pflanzen genommen werden. Ist ein Material reichlich vorhanden, darf getrost zugegriffen werden, wenn ein guter Rest für das nächste Jahreswachstum übrig bleibt.

Übersicht der bei uns verbreiteten Flechtpflanzen

Schling- und Klettergewächse

Clematis, Glyzine, Immergrün, Geißblatt, Efeu, Wilder Wein.
Für diese rankenbildenden Pflanzen ist der Oktober die beste Erntezeit, weil die jungen Ranken eben erst zu verholzen beginnen und somit noch biegsam sind. Sie haben aber auch schon eine gewisse Festigkeit. Zeigt das Material die Tendenz zum Brechen, so wird es vor dem Flechten in warmem Wasser eingeweicht.

Triebe von Bäumen

Ahorn, Weide, Esche, Hasel, Apfel, Pflaume und andere Obstbäume, Roter Korb-Hartriegel (Cornus sanguinea).
Die über Sommer gewachsenen Jungtriebe ergeben ein sehr festes und farblich überaus reizvolles Flechtwerk. Besonders schöne Ergebnisse lassen sich durch die Mischung von rötlichen und grünen Trieben erzielen.

Gräser oder grasähnliche Pflanzen

Weizen, Roggen, Hafer, Gerste, Mais, Seegras, Schilf, Binse, Iris, Schwertlilie, Rohrkolben.
Getreidehalme müssen schon während der Kornernte, also ab Ende Juli, gesammelt werden. Man kann sie entweder frisch verarbeiten und muss dann eine starke Schrumpfung mit einkalkulieren, durch die das Geflecht sich später lockert, oder aber man verflicht abgelagertes, also getrocknetes Material, was vor der Verarbeitung mindestens zwei Stunden in handwarmes Wasser eingelegt werden muss, damit es wieder geschmeidig wird. Gräser, Lilienblätter, Mais und Binsen möglichst frisch verarbeiten!

Wurzeln

Douglasfichte, Fichte, Hemlockstanne, Kiefer.
Baumwurzeln kann man am besten dort sammeln, wo ein Sturm gehaust hat. Für die Großen der Kindergruppe kann es geradezu ein archaisches Erlebnis sein, wenn man sie – in Begleitung vieler Erwachsener – an einen solchen Ort mitnehmen kann.

Rinde

Ahorn, Linde, Weide, Weißbirke, Kirsche, Hemlockstanne, Weymouths-(Seiden-)Kiefer.
Werden Bäume gefällt, so schält man die Rinde in möglichst langen Streifen mit dem Ziehmesser oder Schäleisen ab und verarbeitet sie ganz frisch. Baumrinde lässt sich am besten von jungen Bäumen verarbeiten. Die günstigste Jahreszeit für die Rindenernte ist das zeitige Frühjahr, wenn der Saft eben zu steigen beginnt, aber noch nicht zum Austreiben geführt hat.

Einen Weidenkorb oder eine Blumenampel flechten

Die frisch geschnittenen Weidenruten müssen vor Gebrauch ein bis zwei Wochen in Wasser eingeweicht werden.

Wir benötigen folgende Werkzeuge:

- ein stabiles Bastelmesser
- eine kleine Zange
- ein Pfriem (eine stumpfe Ahle, um im Geflecht Platz für neue Ruten zu machen).

Man beginnt den *Weidenkorb* mit einem Bodenkreuz, einem Bodenstern oder einem länglichen Bodengerüst (siehe die Abbildungen Seite 41 f.). Wenn die Arbeit am Boden abgeschlossen ist, werden die Ruten um 90° gebogen und die Wand nach oben geflochten. Für den Randabschluss (siehe Seite 42, unten) werden die Ruten eingekürzt, nochmals befeuchtet und mit einem Bogen ins Flechtwerk zurückgesteckt.
Mit den folgenden Skizzen sollen einige Grundtechniken vorgestellt werden:

Boden und beginnender Wandaufbau eines geflochtenen Korbes mit Staken aus Ligustertrieben und Flechtmaterial aus Ranken vom Wilden Wein.

Japanischer Boden (Bodenkreuz)

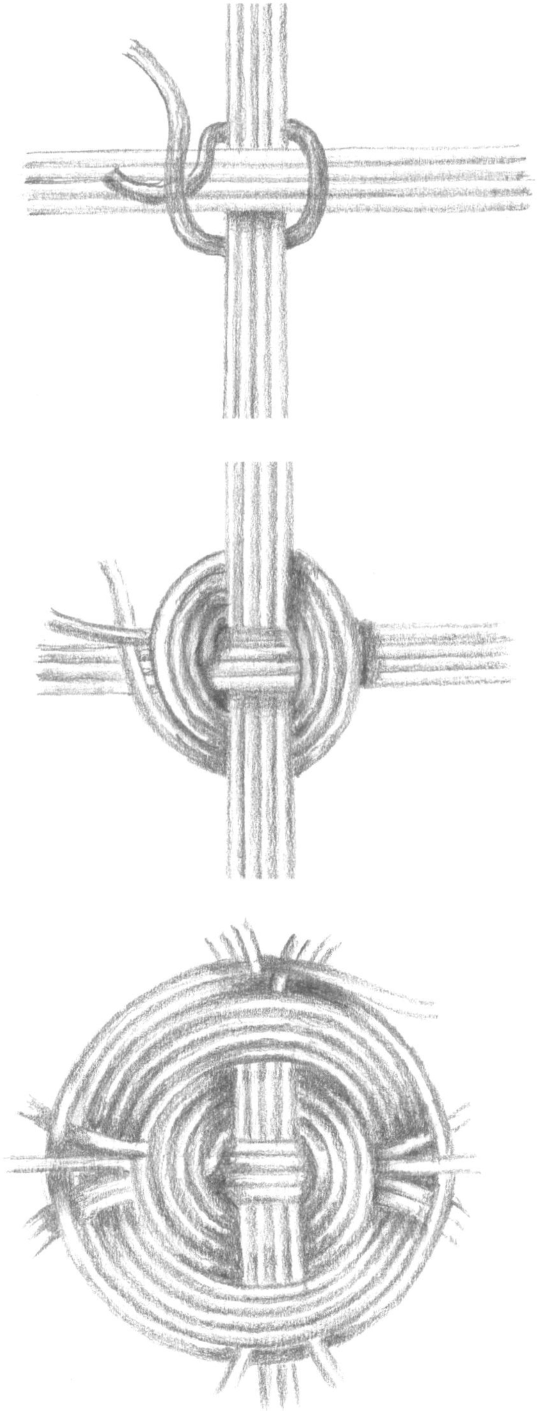

Bodenstern

1. Anfang des Geflechts:

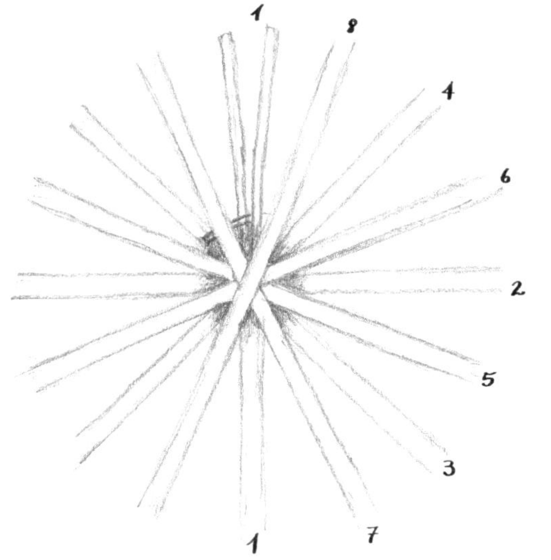

2. Speichen einfügen:

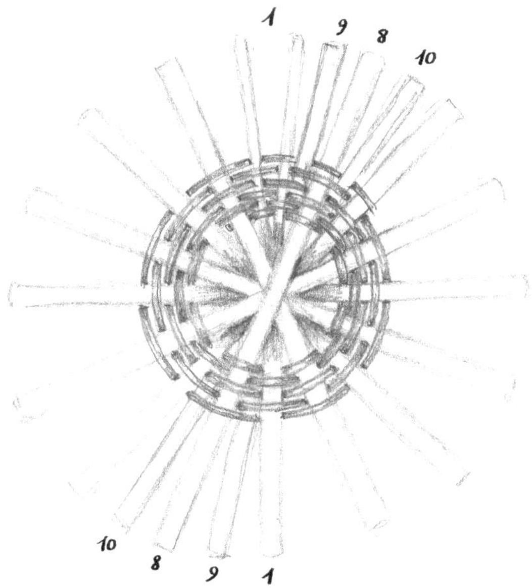

Flechtart für rechteckige Böden (längliches Bodengerüst)

Die Blumenampel eignet sich hervorragend für Flechtarbeiten bereits im Kindergartenalter.

Mit etwas Hilfe können Fünfjährige auch bereits eine *Blumenampel* flechten. Auf dem obigen Foto wurden Triebe der Ligusterhecken als Staken sowie Ranken des Wilden Weins verwendet. Der Boden ist als Bodenstern veranlagt und läuft zunächst als Kugelform, später dann spitz zu dieser Blumenampelform aus.
Da Boden und Wand nicht separat geflochten werden, handelt es sich hier um eine bevorzugte Form für Kinder.

Randabschlüsse

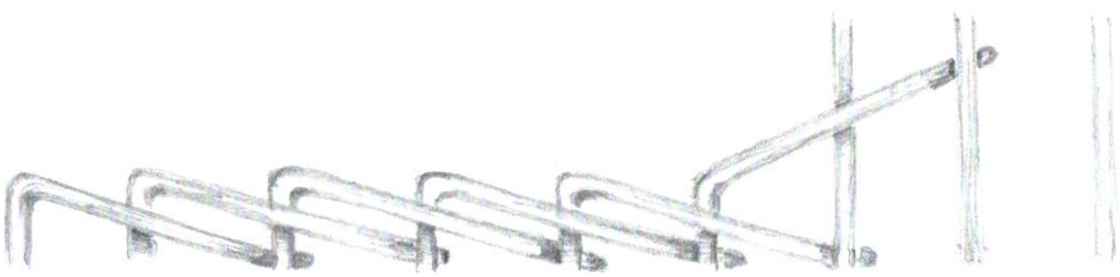

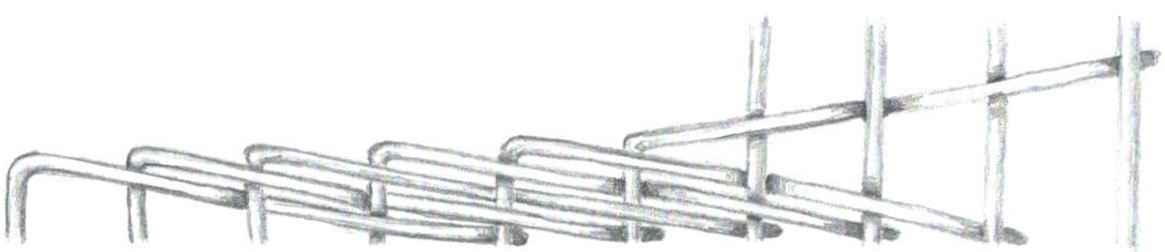

Um Randabschlüsse besonders stabil zu flechten, ist es wichtig, das Material gut einzuweichen, damit es beim Biegen nicht bricht.

Flechten von runden oder ovalen Gegenständen

Wenn wir runde oder ovale Gegenstände flechten wollen, etwa Untersetzer, Tabletts, (Bienen-)Körbe oder auch Hausschuhe, verwenden wir am besten Ruten, die man durch Übereinanderlegen beim Flechten ansetzt. Als Ruten eignen sich besonders gut frische, einjährige Triebe des Wurzelausschlags von der Pflaume, dem Ahorn, der Linde, der Hasel usw. Sie werden am besten mit Gartenbast mithilfe einer abgerundeten Sticknadel vernäht. Diese Arbeit eignet sich erst für Kinder im Grundschulalter.

Der Anfang mit einer Rute: Mit ganz frischen Weidenruten, die noch nicht verholzt sind, mit Binsen, langen, möglichst frischen Strohhalmen oder anderen harten Gräsern wird das runde oder ovale Bodengeflecht begonnen. Hat man einen Rutenabschnitt in der dargestellten Weise umwickelt, setzt man zur nächsten Runde an und verbindet sie mit der ersten mit dem sogenannten «Indianerstich» oder dem etwas schwierigeren «einfachen Stich».

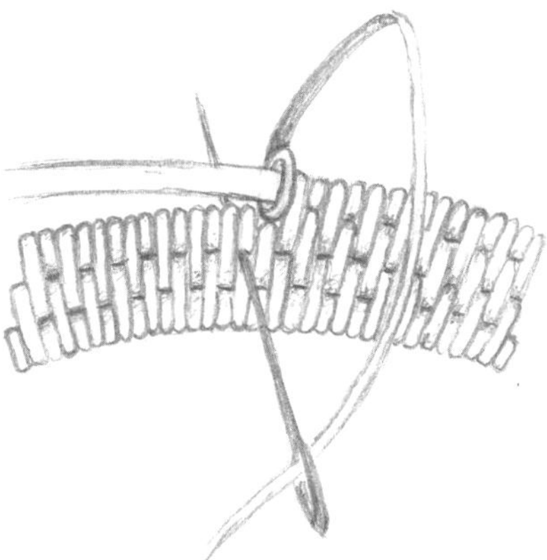

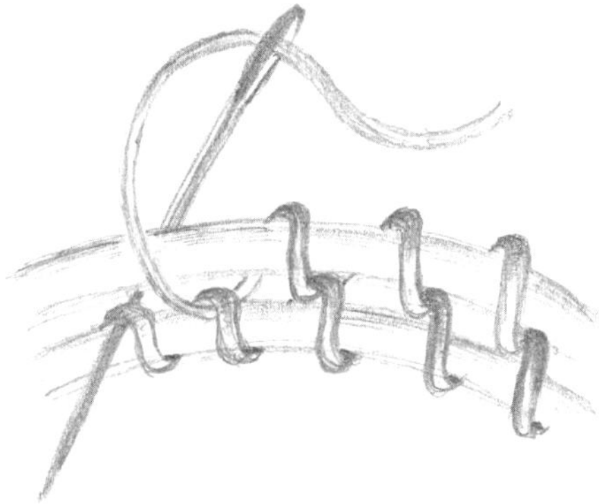

Einfacher Stich: Der sogenannte «einfache Stich» ist schwieriger, er lässt sich aber als Variante zum «Indianerstich» einsetzen. Sehr geschickten Kindern kann man ihn als zusätzliche Technik anbieten.

Auch *Tabletts* aus Holz können mit Flechträndern versehen werden, indem man in Sperrholz Löcher bohrt, durch die die senkrechten Staken gezogen und dann waagrecht verflochten werden.
Gemeinsam mit den älteren Kindern lassen sich schöne Gebrauchsgegenstände oder Spielsachen flechten, z.B. ein *Miniaturpuppenwagen*: Man braucht für den Boden feines Sperrholz, in dem die Staken befestigt werden. Darunter liegen zwei Achsen mit vier Rädern. Flechtwand und Verdeck werden mit feinen Materialien geflochten. Der Griff wird zum Schluss eingesteckt.

< *Indianerstich: Dieser Stich ist leicht zu handhaben, braucht aber sehr viel Geduld, da die Stiche eng beieinanderliegen. Es entsteht ein sehr stabiles Werkstück.*

Maschenka und der Bär

Nach einem russischen Märchen

Es waren einmal ein Großväterchen und ein Großmütterchen, die wohnten in einer Hütte am Waldesrand. Sie hatten ein Enkelkind, das hieß Maschenka.
Eines Tages wollte Maschenka in den Wald gehen und sprach:

Großväterchen, Großmütterlein,
ich mag nicht länger drinnen sein,
ich möchte in den Wald hinaus,
um Pilze und um Beeren.
Ach, lasst mich doch gewähren!

Da antworteten die Großeltern:
Geh nur getrost, mein gutes Kind,
und pflück' die Beerlein ganz geschwind,
die Pilze auch, die vielen,
auf kurz' und langen Stielen.
Nur auf den Weg hab' treulich acht,
und komm nach Hause noch vor Nacht!

Maschenka ging in den Wald, sie pflückte die Beeren und Pilze, immer fand sie neue und lief tiefer und tiefer in den Wald hinein. Schließlich hatte sie sich verirrt. Sie lief immer weiter und kam endlich an eine Hütte, die war aus rohen Holzstämmen gezimmert. Sie klopfte an und sprach:

Ach, lasst mich ein, ach, lasst mich ein,
wer wohnt in dieser Hütte klein,
wer wohnt in dieser Klause,
ist niemand denn zu Hause?

Keine Antwort kam, da ging sie hinein und wartete. In der Hütte aber wohnte ein großer Bär, und als er abends nach Haus kam und das kleine Mädchen sah, brummte er:

Brumm, brumm, brumm, wer sitzt denn dort?
Jetzt lasse ich dich nimmer fort.
Sollst mir den Ofen heizen,
sollst mir die Grütze kochen,
sollst mir das Essen reichen.

Da musste Maschenka bei dem Bären bleiben und ihm dienen, für ihn kochen und backen, und wenn er tagsüber in den Wald ging, sagte er zu ihr:

Du bleibst zu Haus, du bleibst zu Haus
und tust mir keinen Schritt hinaus,
und wenn ich dich im Walde find,
so fress' ich dich schon ganz bestimmt.

Maschenka hatte solche Sehnsucht nach Großmütterchen und Großväterchen, sie sann und sann, wie sie es anfangen könnte, wieder heimzukommen. Endlich fiel ihr etwas ein. Sie holte Milch und Mehl und backte einen schönen Kuchen, einen Gugelhupf, und sprach zu dem Bären:

Du brauner Bär, ich bitt' dich sehr,
lass mich doch in mein Dorf zurück,
ach, nur für einen Tag!
Weil ich für mein Großmütterlein,
weil ich für mein Großväterlein,
den Kuchen bringen mag.

Aber er wollte sie nicht fortlassen und sagte:

Brumm, brumm, brumm, das kann nicht sein.
Gib her den Kuchen süß und fein,
ich trag ihn selbst ins Dorf hinaus,
du aber bleibst mir fein zu Haus.

Das war Maschenka gerade recht, sie holte den großen Tragekorb und sprach zu dem Bären:

Schau her, den Kuchen süß und fein,
den lege ich in diesen Korb,
und du trägst ihn hinaus ins Dorf,
bringst ihn Großmütterlein,
bringst ihn Großväterlein.
Doch dass du's weißt, ich sehe dich,
drum nasche mir vom Kuchen nicht,
und hebe ja den Deckel nicht!
Ich klettre auf die Eiche hoch,
und tust du es, seh ich dich doch!
Doch jetzt geh bitte vor das Haus
und schaue nach dem Wetter aus!

Der Bär war's zufrieden, ging zu sehen, ob es etwa regnete oder schneite. Maschenka aber sprang selbst mit dem

Kuchen in den Korb und machte den Deckel zu. Als der Bär wiederkam, war Maschenke nicht zu sehen, doch da stand der Korb, den nahm er auf den Rücken und machte sich auf den Weg.
Er wanderte und wanderte. Der Kuchen duftete so süß! So setzte er sich auf einen Baumstumpf, um zu rasten, und sprach:

Auf den Baumstupf setz' ich mich,
an dem Kuchen letz' ich mich.

Da rief Maschenka im Korb:

Ich sehe dich, ich sehe dich,
auf den Baumstumpf setz' dich nicht,
an dem Kuchen letz' dich nicht!
Bring ihn Großväterlein,
bring ihn Großmütterlein.

Der Bär wunderte sich:

Guck an, schau, schau,
ei, die ist schlau,
sie sieht doch alles ganz genau.
Was die für scharfe Augen hat,
sie sieht mich hinterm Eichenblatt.

Er nahm den Korb wieder auf und wanderte weiter. Als er schon weit weg war und der süße Duft in seine Nase stieg, versuchte er es nochmals und setzte sich.

Auf den Baumstumpf setz' ich mich,
an dem Kuchen letz' ich mich.

Wieder rief Maschenka:

Ich sehe dich, ich sehe dich,
auf den Baumstumpf setz' dich nicht,
an dem Kuchen letz' dich nicht!
Bring ihn Großväterlein,
bring ihn Großmütterlein.

Der Bär staunte:

Guck an, schau, schau,
ei, die ist schlau,
sie sieht doch alles ganz genau.
sitzt auf dem Wipfel,
sieht über alle Gipfel.

Seufzend nahm er den Korb wieder auf und ging ins Dorf. Er klopfte an Großväterchens Haus:

Bumburum, rasch aufgemacht,
hab' von Maschenka was gebracht.

Da schlugen die Hunde im Dorf an:

Wau, wau, wau.

Erschrocken stellte der Bär den Korb hin und lief davon, so schnell ihn seine Füße tragen konnten. Da kamen Großväterlein und Großmütterlein aus dem Haus. Was stand da für ein Korb? Sie sagten:

Was mag in diesem Korbe sein?
Schaun wir mal ein bisschen rein.
Ein Gugelhupf, ei, ei, so, so,
und auch Maschenka, frisch und froh!

Wie freuten sich die guten Alten, als sie Maschenka gesund und wohlbehalten wiedersahen, und auch das Kind jubelte vor Freude!

Aus: *«Hänschen Apfelkern» von Bronja Zahlingen*

Weitere Märchen zum Thema «Korbflechten»

Ruth Elsässer, *Fingerhütchen. Ein irisches Märchen.* Mellinger Verlag, Stuttgart [4]1990
Georg Dreißig, *Der Bucklige,* Bilder von Wilfried Strüning, Verlag Urachhaus, Stuttgart [2]1987

OKTOBER: HAUSBAU-WERKSTATT

Wer will schon ständig aus dem Häuschen sein?

Hausbauwerkstatt – «Wer will schon ständig aus dem Häuschen sein?»

Sobald die Technik des Flechtens beherrscht wird, findet sie weiterführende Anwendung beim Handwerksthema Hausbau. Niemand wird ständig «aus dem Häuschen sein» wollen. Es ist ein ganz elementares menschliches Bedürfnis, sich einen Wohnraum zu schaffen, in dem man Schutz vor übermäßiger Hitze und Trockenheit, eisiger Kälte und Nässe, verheerendem Sturm und Blitz suchen kann.
Der Urmensch – ungeschützt und unbewaffnet in diese Schöpfung hineingestellt – brauchte eine Wohnstätte, um als Gattung zu überleben, in Ruhe seine Kinder aufzuziehen, überlebensnotwendige Vorräte zu horten und sich vor Feinden zu schützen. Ausgerüstet mit dem «gesunden Menschenverstand» und zwei geschickten Händen versuchten die Menschen, sich mit ihrem Hausbau überall auf der Erde an die jeweiligen Gegebenheiten der Klimazonen, der Geologie und der Botanik anzupassen. Das bedeutete für die hiesige Region, Wohnstätten aus Grauwackesteinen, Eichenbalken, Weiden- und Haselflechtwerk mit einem Putz aus Lehm, Kuhdung, Stroh und Sand zu schaffen.

Einfache Häuser- und Hüttenmodelle

Um sich ein Obdach zu bauen, griffen die Menschen grundsätzlich auf die Materialien in ihrer allernächsten Umgebung zurück. Wände waren aus Fellen und Reisig gestaltet, wurden geflochten oder aus Steinen bzw. Lehm gebaut. Die Dachkonstruktionen, für die man meist Holz verwendete, wurden mit Fellen, Stroh, Gras und Rinde abgedeckt.
Die Zeichnungen auf den Seiten 49 und 50 zeigen einige Beispiele, die sowohl im Modellbau als auch großformatig auf Spiel- und Pausenplätzen umgesetzt werden

In vielen Regionen Deutschlands, wie hier im «Alten Flecken» in Freudenberg, baute man die Häuser traditionell im Fachwerkstil.

Typische Art des Fachwerkbaus im Oberbergischen, östlich von Köln (demonstriert im Bergischen Museum für Bergbau, Handwerk und Gewerbe, Bergisch Gladbach)

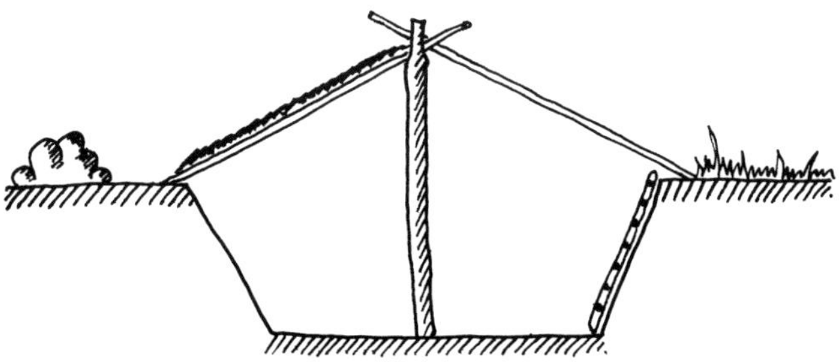

Erdgrube mit holzgestütztem Felldach (für den Modellbau Astquirle von Fichte oder Tanne – z.B. Weihnachtsbäumen – als Hilfe für die Dachkonstruktion sammeln)

Flechtzelt: aus starken Ästen mit festem Flechtwerk

Hauszelt: Astkonstruktion mit Fellbespannung

Steinhaus: rund, mit Lehmmörtel gemauert, Dach aus einer Steinplatte auf einer Holzkonstruktion

< *Reisigzelt: aus Ästen, Zweigen, Gräsern, Moos, Schilf und ähnlichen Materialien*

Lehmflechthaus: Flechtwand mit Lehmputz, Gründach mit Balkenkonstruktion

Spitzdachhaus: Flechthaus mit einer Astgabelkonstruktion und einem spitzen Dach

können: Gleichgültig, welchem Volksstamm, welcher Zeitepoche und welcher Region die angeführten Modelle entstammen – hier sollen sie als kulturhistorische Beispiele dienen, um den Kindern die Entwicklung vom naturgemäßen einfachsten «Dach über dem Kopf» bis zum Wolkenkratzer aus Beton und Stahl vor Augen zu führen und um eine fantasievolle Gestaltung von Außengeländen anzuregen.

Bauen – sich selbst verwurzeln

Im Laufe der Geschichte erlebte der sich zunehmend zivilisierende Mensch den Kontakt mit anderen Kulturvölkern der Erde. Durch diese Berührungspunkte entwickelten sich architektonische Ideensynthesen, die sich in Regional- und Stilepochen der Baukunst niederschlugen.

So wie in den Anfängen der menschlichen Wohnstätten der Wind durch die Geflechtwände rauschte und Sonne, Mond und Sterne hindurchscheinen konnten, so geöffnet, geweitet und durchlässig waren auch die natürlichen Sinne der Menschen, so sehr waren diese mit der Natur als Grundlage ihrer Existenz verbunden. Im Verlauf der nachfolgenden Epochen schritt die Absonderung, die Abkapselung des Menschen von der Natur unaufhaltsam fort.

Unsere heutige arbeitsteilige Industriegesellschaft hat den meisten von uns den Bau eines eigenen Hauses abgenommen. Wir Menschen leben jetzt in neben- und übereinandergeschichteten normierten Wohnungen in zersiedelten Landschaften mit nur geringer Möglichkeit, eine persönliche Wohnvision zu entwickeln.

Begriffe wie «Ich-Findung» und «Heimat» haben heute Hochkonjunktur. Sie zeigen an, dass sehnsüchtig nach Zuständen der Geborgenheit gesucht wird, aus einem Hunger nach Wiederherstellung einer «verlorenen Ganzheit» heraus.

< *Rundhütte: Balkenkonstruktion mit einem Strohdach, Wände aus «Lehmbroten».*

Im oberbergischen Städtchen Wiehl ergreifen die Bürger in interkultureller, generationsübergreifender Arbeit Besitz von «ihrem» Freizeitpark: Gemeinsam wird ein großes Weidenbauwerk errichtet (s. auch Band 1, April-Kapitel).

1: Weidenruten bündeln …
2: … zu Bögen binden, einpflanzen …
3: … und sich darin wohlfühlen.
4: Der Flechtzaun aus Weiden schützt vor der steilen Böschung.

Errichten einer Pausenlaube in Rutenbündeltechnik auf einem teilentsiegelten Schulhof

1: Tiefe Pflanzlöcher müssen in die Erde gebuddelt werden.
2: Stabile Weidenrutenbündel werden fest zusammengefügt …

3: … und warten auf das Einpflanzen.
4: Kleine Rutenbündel werden zum Stabilisieren gebraucht.

5: Viele Hände sind nötig, um die Weidenbündel zu den Pflanzlöchern zu tragen.
6: Das Bauwerk zeichnet sich schon ab.

7: Viele Hände machen langer Arbeit schnell ein Ende.
8: Der Dachstern ist besonders gut gelungen.

Schaut man auf die Entwicklungsgeschichte im pädagogischen Feld, zeigt sich nach dem totalen Naturabwendungsprozess der siebziger Jahre heute ein deutliches Umdenken: Asphaltierte Pausenhöfe um den letzten Baum herum werden allerorten aufzubrechen versucht, um unmenschliche und unnatürliche Architektur zu verwandeln (siehe als Beispiel die Errichtung einer Pausenlaube, Seite 52 f.).

In einer Zeit, in der sich konventionelle familiäre Strukturen mehr und mehr auflösen und sich die Wohngegebenheiten für Kinder durch soziale und finanzielle Einschränkungen verschlechtern, verschärft sich auch in der pädagogischen Öffentlichkeit das Raumproblem: zunehmende Gruppenstärken in gleichbleibenden Räumlichkeiten und weniger pädagogisches Personal. Distanzlosigkeit zu anderen und zu sich selbst und damit Angstkanalisation sind Folgen davon, die sich in vermehrter Aggressivität und Brutalisierung hinsichtlich aller Lebensbezüge äußern.

Bei immer weniger körperlicher Betätigung entsteht das Gefühl der «Unleibhaftigkeit»; der eigene Körper wird nicht mehr empfunden, man fühlt sich in ihm nicht mehr zu Hause. Überall «in» zu sein, aber nirgendwo daheim, kann zu Unruhe, Rastlosigkeit und Vandalismus führen. Das traditionelle «Sich-Beheimaten» um der Geborgenheit willen weicht einem scheinbar modernen «Sich-Orientieren» in einer Welt des allgemeinen Werteverlustes. Was entspricht tatsächlich der Wirklichkeit und was lediglich Interpretation anderer? Im allgegenwärtigen Medientaumel kann es kaum noch unterschieden werden – vor allem nicht von den Heranwachsenden.

In unseren Kindergärten und Schulen ist heute ein hoher Prozentsatz an ausländischen Kindern zu finden: Kinder, die plötzlich aus ihrem gewohnten Kulturkreis verschleppt, herausgerissen, entwurzelt wurden, ihrer Heimatsprache beraubt, die verstummen und wie ihre Familie hoffnungslos heimatlos sein können. Diese Tatsachen werden die Folgegenerationen vor große Fragen stellen, die bewältigt werden wollen. Heute damit anzufangen, in einem neuen Natur- und Kulturkreis handwerklich mitverantwortlich tätig zu werden, in und mit der Natur – und damit für die Gesamtheit aller Menschen – aktiv zu werken und zu wirken könnte eine Möglichkeit darstellen, sich selbst neu zu verwurzeln.

Nur in langsamen Schritten sind schaffendes Teilhaben sowie die daraus resultierende Veränderung und eine neue Hinwendung zum Natürlichen möglich.

Fantasievolle Bauwerke von kleinen und großen Handwerkern

Es ist notwendig, die zukünftigen Generationen wieder mit unmittelbaren Erfahrungen vertraut zu machen: z.B. selbst ein Haus zu bauen – und sei es auch noch so klein – und der Tendenz eines Lebens aus zweiter und dritter Hand zu begegnen.
Anhand dieser grundlegenden Thematik lassen sich vielerlei Phänomene mit den Kindern betrachten: Was macht Wohnen behaglich? Was bedeutet Bequemlichkeit? Wie ist Klimatüchtigkeit zu erlangen? Was ist eigentlich Schönheit? Und vieles mehr ...
Alle diese Begriffe erhalten Leben durch den handwerklich-handelnden Umgang mit den Dingen und können auf diese Weise mit Sinn erfüllt werden.
Der Natur-Baustellen-Meister und Diplom-Architekt Marcel Kalberer regt durch fantasievolle Natur-Bauwerke zum Bau-Spielen an und beschreibt Bauen als Urerfahrung:

Trautes Heim bringt Glück allein ...

Bauen als Urerfahrung

Er-fahren: Es sind meine unvergesslichen Erinnerungen an die eigenen Schnee- und Laubhütten, an die Euphorie beim Bauen und die Trauer über die Zerstörung, Beobachtungen in unzähligen Bauspielen und Bauaktionen mit Kindern und Jugendlichen, die mir die Gewissheit vermitteln, dass diese vielschichtigen Erfahrungen von unerlässlicher Bedeutung für die ganzheitliche Persönlichkeitsentwicklung sind.
Ver-wirklichen: Im ersten Bauwerk, dem Iglu oder der Hütte aus Lehm oder Ruten, verwirklicht das Kind sich selbst, indem es sich mit einem Raum umschließt und erstmals selbst Schutz und Geborgenheit schafft.
Wahr-nehmen: Gerade in unserer Zeit zunehmender Entfremdung von der Natur sollten wir wieder zu unseren natürlichen und kulturellen Lebenswurzeln zurückfinden. Wo die künstliche und virtuelle Welt die Sinne verkümmern lässt, bietet das spielerische Bauen mit Naturmaterialien dem Geist und den Sinnen vielfältige Wahrnehmungsmöglichkeiten.
Be-sinnen: Schon der Bau der kleinsten Laubhütte weckt Fantasie und Erfindergeist des Baumeisters, erfordert konstruktive und künstlerische Entscheidungen, bedingt organisatorische und technische Überlegungen bezüglich Material und Werkzeug und stärkt die Bereitschaft zu Kooperation und gegenseitigen Hilfeleistungen, und dies alles ganz nebenbei, spielerisch, lustvoll, selbstverständlich.
Be-greifen und Ver-stehen: Beim Bauen mit Schnee, Lehm und Ruten sind es das Stampfen und Kneten, das Biegen und Brechen mit Händen und Füßen, sind es diese tastsinnlichen Erlebnisse, die den Geist erkennen und gewahr werden lassen.
Er-innern: Ich erlebe es immer wieder als ein wundervolles Phänomen, wie ohne nennenswerte Hilfeleistung von Erwachsenen die Kinder beim ersten Kontakt mit den angebotenen Ruten, Ästen und Zweigen, Schilf-, Reet- oder Binsengräsern und dem Lehm-Stroh-Gemisch stabile und fantasievolle Bauwerke zu errichten wissen, unbefangen und intuitiv aus dem eigenen Inneren die archaischen Baukulturen unserer Zivilisationsgeschichte nachvollziehen.

Die Hausbauwerkstatt ist besonders gut geeignet, um gemeinsam – in Zusammenarbeit von kleinen und großen Handwerkern – mehrtägige Projekte (etwa bei Väter-Kind-Wochenenden oder bei Familienfreizeiten) sowie generationsübergreifende Projekte durchzuführen. Kindergartenkinder wären ohne die Hilfe von Älteren vom Handwerklichen her noch überfordert.
Bei allen Haus- und Hüttenmodellen ist es wichtig, dass sie auf einer guten, eventuell transportfähigen Grundlage gebaut werden. Insbesondere eignen sich Steinplatten für Lehm-Stein-Bauten und Baumscheiben oder Bretter, wenn Holzkonstruktionen in Bohrlöchern Halt finden sollen.
Die Naturmaterialien für die Hütten – Lehm und Ton, Astgabeln, Rundholzabschnitte und Flechtmaterial – werden am besten behutsam aus der Umgebung entnommen.

Vom trutzigen Gefängnis (S. 58 oben links) über ein luftiges Baumhaus bis hin zum heimeligen Krippenstall war in dieser Hausbauwerkstatt alles vertreten.

Gemeinsam ein Haus bauen – soziale Fähigkeiten sind gefragt

Bei sämtlichen hier abgebildeten Bauwerken suchten sich die «Häuslebauer» ihr Material in der natürlichen Umgebung. Wie man unschwer erkennen kann, wird der Charakter der Häuser vom vorgefundenen Material geprägt.
Das Thema «Hausbauwerkstatt» eignet sich beispielsweise auch hervorragend für eine Arbeit mit Seminaristen. Die im Folgenden abgebildeten Bauwerke (Seite 57 und Seite 60) entstanden während einer Projektarbeit des Dortmunder Waldorferzieherseminars. Neben der pädagogischen Orientierung dieses Projekts sollte für die zweiunddreißig, aus vielen Nationen bunt zusammengewürfelten Seminaristen die Möglichkeit geschaffen werden, aus dieser seit zwei Wochen bestehenden Gruppe eine soziale Gemeinschaft zu entwickeln.
Die Vielfalt der abgebildeten Bauwerke lässt erahnen, mit wie viel Fantasie und Freude an kreativem Tun diese jungen Weltbürger frische interkulturelle Impulse in ihr zukünftiges pädagogisches Berufsleben hineintragen können. Das Ziel wurde erreicht: sich kennenlernen durch gemeinsames handwerkliches Tun.

1: Der «Rapunzelturm»: In völkerverbindender Baukunst (nepalesisch-argentinisch-deutsch) wurden ebenfalls Sprachbarrieren überwunden. >

2: «Haus der roten Sonne»: Bei diesem Bauwerk wurde deutlich der japanische Kultureinfluss herausgestellt. >>

3: Die Erbauerin dieser Krippe behauptete von sich selbst, sie sei in keinster Weise kreativ und könne erst recht keine Krippenfiguren gestalten. Doch nach dem Beuysschen Motto «Jeder Mensch ein Künstler» gelang es ihr nach viel mutmachender Überzeugungsarbeit dann doch. >

4: Die «Ikebana-Laube» >>

1

2

3

4

1: Würden sich die Baumeister nicht anhand ihrer Kleidung als Zeitgenossen verraten, wäre man versucht, diese Hütte einer frühen Menschheitsepoche zuzuordnen. Sie wurde im Rahmen einer Familienfreizeit gebaut.

2 – 3: Während derselben Freizeit entstand auch der Turm in mühevoller, aber beständiger und freudiger Zusammenarbeit von Sohn und Vater.

So wie in dieser Hausbau-Werkstatt die fantasievollen Bauwerke wuchsen, bildete sich bei allen großen und kleinen Arbeitern im sozialen Miteinander durch konzentriertes, selbst- und partnerbesonnenes Tun handwerklicher Einfallsreichtum. Ein lebendiger Austausch der Fähigkeiten fand statt.

«Festung der Blumenkinder»: Buchsbaumzweige wurden von dieser Araberin mit nordafrikanischer Lehmbauweise kombiniert.

«Trutzburg aus Steinen und Lehm» – aber einladend ist sie doch.

Das «Haus der sieben Seelen»: Sieben junge Menschen fanden sich hier zusammen, um ein Haus mit Holzkonstruktion und Lehmputz zu bauen. Zunächst bekam das Haus ein Schrägdach, das wieder verworfen und zu einem Spitzdach verändert wurde.

Hausbauwerkstatt in der 3. Klasse

Die Häusermodelle auf dieser Seite bauten Kindergruppen der dritten Klasse der Waldorfschule Gummersbach in ihrer Handwerkerepoche. Bis auf die Baumscheiben, die als Grundlagen dienten, wurde das gesamte Baumaterial aus der Umgebung der Schule zusammengetragen. Der Ideenreichtum und die handwerkliche Geschicklichkeit von Kindern im dritten und vierten Schuljahr ist so groß, dass man kaum Bauanleitungen zu geben braucht, sondern nur hier und da helfend eingreifen sollte. Hilfe ist gelegentlich beim Bohren in das Stirnholz der Baumscheiben nötig.

Ein Holzständerbauwerk wurde in Bohrlöchern einer Baumscheibe verankert, und die Wände wurden mit vielen kleinen Lehmsteinen hochgezogen. Als Dachkonstruktion diente eine alte Weihnachtsbaumspitze, die mit Grasbüscheln bedeckt wurde.

Oben: Eine Festung mit Zugbrücke.

Unten: Die Tragekonstruktion dieses Bauwerks waren die Triebe eines beschnittenen Apfelbaums, die zu einem Spitzzelt gebunden wurden. Als Flechtmaterial diente Ginster.

Lied zum Weidenhausbau

Text: Christiane Vogt
Melodie in Anlehnung an Klaus Doldinger, etwas geändert

2. Heute woll'n wir Hölzer schleppen,
Hi-Ha-Hölzer schleppen,
sind sie alle oben,
wollen wir uns loben!

3. Heut' woll'n wir den Grundstein legen,
Gri-Gra-Grundstein legen,
bitten um den Segen,
woll'n es auch gut pflegen!

4. Heute woll'n wir Löcher schlagen,
Li-La-Löcher schlagen,
ganz tief in die Erde,
dass ein Häuschen werde.

5. Heute woll'n wir Stämmchen stecken,
Sti-Sta-Stämmchen stecken,
brauchen für die Runde
nicht nur eine Stunde.

6. Heute woll'n wir Zweige biegen,
Zwi-Zwa-Zweige biegen,
fest zusammenbinden,
wer kann uns noch finden?

7. Heute woll'n wir Wände weben,
Wi-Wa-Wände weben,
mit ganz weichen Zweigen
können wir's euch zeigen.

8. Heute woll'n wir Richtfest feiern,
Ri-Ra-Richtfest feiern,
singen, schmausen, tanzen,
Kuchen ist im Ranzen!

Mit Bewegungen:
Bei der Wiederholung jeweils mit den Füßen im Rhythmus stampfen!

Bei 1.: Beide Arme weit ausstrecken, dann Fuß vor Fuß setzen, dann mit der rechten Hand einen Kreis ziehen.

Bei 2.: Die imaginären Hölzer auf der Schulter tragen, dann sich gegenseitig auf die Schulter klopfen.

Bei 3.: Den imaginären Grundstein in die Mitte legen, dann bittend die Hände falten, dann pflegende Gebärde mit beiden Händen.

Bei 4.: Eine Faust hämmert auf die andere Faust, dann mit beiden Händen das imaginäre Haus umhüllen (runde Gebärde).

Bei 5.: Mit beiden Händen die imaginären Stämmchen umfassen, nach unten drücken, einen Kreis zeigen, einen Daumen hochhalten, den Kopf schütteln.

Bei 6.: Die Arme oben zur Mitte beugen, mit den Händen zur Mitte hin bindende Bewegungen machen, dann die Hand über die Augen halten und suchend herumschauen.

Bei 7.: Mit den Händen webende Bewegungen machen, dann mit beiden Händen das Werk zeigen.

Bei 8.: Arme oben zur Mitte hin überkreuzen, dann im Kreis tanzen (alle fassen sich an den Händen oder Zweierpaare tanzen lassen).

… und zum Schluss ein Richtfest

Am Ende einer jeden Hausbauwerkstatt-Epoche – gleichgültig ob für große oder für kleine Leute – steht ein «Richtfest» mit zünftigen Richtsprüchen wie diesen:

Tausend Hände, die am Werk
munter sich bewegen,
doch das Werk ist nur ein Zwerg:
Hände sind der Segen.

Hugo Kükelhaus

Richtfest

Das Haus auf Erden ist errichtet,
Vom Feuer werd' es nicht vernichtet!
Des Blitzes Strahl soll es verschonen,
Ein guter Geist mög es bewohnen,
Verscheuchen alle bös' Gefahren,
Vor Wasserfluten es bewahren!
Friede dieser Stätte,
Segen diesem Haus
Und den Menschen allen,
Die da gehen ein und aus.

Jakob Streit

Schritt für Schritt, kulturhistorische Entwicklungsepochen nachvollziehend, wird das Verständnis für komplexe Sachzusammenhänge geschult. Damit wird eine Basis, ein Fundament menschlicher Anschauung der Welt bereitet, was in unserem zunehmend unüberschaubaren, hoch technisierten Zeitalter die künftig immer notwendiger werdende und mittlerweile viel zitierte Innovationsfähigkeit fördert.

Völkerkundliche Museen

- Bremer Landesmuseum für Kunst und Kulturgeschichte / Fockemuseum, Schwachhauser Heerstraße 240.
- Übersee-Museum Bremen, Bahnhofsplatz 13.
- Museum für Völkerkunde Frankfurt / Main (Weltkulturen Museum), Schaumainkai 29-37.
- Museum für Angewandte Kunst Frankfurt / Main, Schaumainkai 17.
- Germanisches Nationalmuseum Nürnberg, Karthäusergasse 1.
- Historisches Museum der Pfalz in Speyer, Domplatz 4.
- Museum für Ur- und Frühgeschichte in Freiburg, Colombischlössle, Rotteckring 5.
- Pfahlbaumuseum Unteruhldingen, Strandpromenade 6.
- Archäologisches Museum Hamburg / Helms-Museum, Museumsplatz 2.
- Archäologisches Landesmuseum Konstanz, Benediktinerplatz 5.
- Westfälisches Landesmuseum Münster für Kunst und Kulturgeschichte, Domplatz 10.
- Kulturgeschichtliches Museum Osnabrück, Lotterstraße 2.

Weiterführende Literatur

Für Kinder

Gipsy und Franz Baumann, *Mit Mammut nach Neandertal*. Ökotopia Verlag, Münster 1995
Hildegard Elsner, *Die Wikinger*. Was-Ist-Was-Buch, Bd. 58, Neuer Tessloff Verlag, Hamburg 1997
Hans Reichardt, *Die Germanen*. Was-Ist-Was-Buch, Bd. 62, Neuer Tessloff Verlag, Hamburg 1996
Irving Robbin, *Von der Höhle bis zum Wolkenkratzer*. Was-Ist-Was-Buch, Bd. 23, Neuer Tessloff Verlag, Hamburg 1964
Angelika Wolk-Gerche, *Wir bauen jetzt ein Haus*. Verlag Freies Geistesleben, Stuttgart 1997

Für Erwachsene

Anne L. Huber / Thomas Kleespies / Petra Schmidt, *Neues Bauen mit Lehm. Konstruktionen und gebaute Objekte*. Ökobuch-Verlag, Freiburg 1997
Marcel Kalberer, *Ethno Zapp Bauboom*. Fuldaer Verlagsgesellschaft, Löhrbach 1994
Marcel Kalberer, *Handbuch für NaturBauStellen*. Werner Piepers Medienexperimente, Löhrbach 1996
Marcel Kalberer, *Rock n'Roll der Architektur*. Werner Piepers Medienexperimente, Löhrbach 1994
Marcel Kalberer / Micky Remann, *Das Weidenbaubuch*. AT-Verlag, Aarau 1999
Konstantin Kirsch (Hrsg.), *Naturbauten aus lebenden Gehölzen*. Organischer Landbau Verlag, Xanten 1997
Hugo Kükelhaus, *Unmenschliche Architektur*. Gaia-Verlag, Köln 1988

NOVEMBER:

PFLEGE UNSERER VOGELWELT

Gastlichkeit für Hungerleider

Im November legt sich die Natur nach dem üppigen Ausleben ihrer vielfältigen Erscheinungsformen des Sommers zur Ruhe. Der Igel und andere Winterschläfer suchen sich ein warmes Quartier. Die Kraniche, die zur Herbst-Tagundnachtgleiche im hohen Norden aufbrachen, sind jetzt in unserer Region in der Formation einer großen

1

am Himmel nicht zu übersehen, denn sie verabschieden sich mit lautem Rufen auf ihrem Flug gen Süden in die wärmeren Gefilde.
Die Lichtwirkung der Sonne wird immer schwächer. Die Natur erscheint jetzt grau und eintönig, und mit den letzten fallenden Blättern erstirbt der Entfaltungsdrang der Pflanzen. Der Schatten der Vergänglichkeit legt sich allmählich auf die Landschaft und ruft eine dunkle Todesstimmung hervor.
In den Wurzeln und Samen der Pflanzenwelt schlummert das Leben den Winter über sehnsuchtsvoll der befreienden Frühlingssonne entgegen, umhüllt von kaltem Nebel, Raureif und erstem Schnee.
Der Skorpion ist ein wahrhaft zutreffendes Symbol dieser Jahreszeit: Er lebt erdverbunden im Verborgenen, scheut das Licht und begegnet seinen Mitgeschöpfen oft mit der Drohgebärde seines aufgestellten, todbringenden Stachels. Die sich aufwärts richtende Pfeilspitze im Symbolzeichen Skorpion (♏) deutet an, dass trotz des Todes auf neues Leben gehofft werden darf.

Und so lang du das nicht hast,
Dieses: Stirb und werde!
Bist du nur ein trüber Gast
Auf der dunklen Erde.

Johann Wolfgang Goethe

D. Hahn

Da fallen ab die Blüten, der Samen Schlaf zu hüten,
sie decken still die Erde zu, und alles liegt in tiefer Ruh.

Pflege unserer Vogelwelt – «Gastlichkeit für Hungerleider»

Mit dem Ende der Vegetationsperiode kommt nun auch die Gartenarbeit zu einem vorläufigen Ende. Dies gibt uns Gelegenheit, rückblickend auf die reichhaltige Fülle lebenerhaltender Güter zu schauen, welche die Natur uns Menschen vorbehaltlos jedes Jahr wieder schenkt, und zwar auch für die Zeit des Absterbens und der Winterruhe auf der Erde.

Um auch künftig diese Schätze als unsere Lebensgrundlage entgegennehmen zu können, ist ein bestimmtes Vorausschauen notwendig. Die Eigenheilkräfte der Natur sind inzwischen durch unbedacht-eigennütziges Handeln des Menschen in einem solchen Maße gekränkt, dass liebevolles und heilendes Eingreifen überall zu einer Selbstverständlichkeit werden muss: Was wir lieben, zerstören wir nicht! Im Moment des dankbaren Rückblicks, des kritischen Resümees zum Hier und Heute und der zukunftsweisenden Vorausschau gilt es zu fragen, ob wir Erwachsene uns in ausreichendem Maße mit tätiger Liebe für den Erhalt der Natur in unserer Umgebung eingesetzt haben, auf dass die uns anvertrauten Kinder durch unser Vorbild einen wertorientierenden Maßstab für ihr eigenes Tun und ihre eigenen zukünftigen Entscheidungen finden können.

Für eine derart verantwortungsvolle Aufgabe dürfen wir uns getrost Helfer suchen. Wir können sie in den Reihen der bekannten Naturschutz-Organisationen finden.

Was können wir in dieser Hinsicht zur jetzigen Jahreszeit tun? In der Umgebung jedes Kindergartens – und sei er noch so städtisch gelegen – finden sich heimische Vogelarten. Gerade in den Stadtbereichen ist es wichtig, sie mit besonderer Aufmerksamkeit zu bedenken. Ein wenig Aufwand und viel beständige Zuwendung sind nötig, um in sachgerechter und zugleich kindgemäßer Art und Weise für ihren Erhalt zu sorgen.

Zu diesem Thema hat der Förster und Ornithologe Joachim Hecht den folgenden Beitrag geschrieben:

Was können wir für die Erhaltung unserer Vogelwelt tun?

Wir Menschen engen die Lebensräume der Tierwelt immer mehr ein. Wir tun dies überwiegend unbewusst. Dennoch sind Maßnahmen des Menschen, die zur Einengung oder gar Vernichtung von Lebensräumen der Tierwelt führen, außerordentlich umfangreich. Es gibt kaum noch Feldhecken; indem die Anzahl der Äcker, Wiesen und landwirtschaftlichen Betriebe ständig abnimmt, reduziert sich auch das natürliche Futterangebot.

Das sollte Anlass genug sein, ernsthaft darüber nachzudenken, wie wir dem entgegenwirken können. Dabei möchte ich mich ausschließlich mit der uns umgebenden Vogelwelt beschäftigen, die im Lebensraum des Menschen Brut-, Nahrungs- und Ruheplätze sucht.

Auch der Mensch hat das Bedürfnis nach Grün in den Wohngebieten seiner Städte oder als Garten in der Nähe seines Hauses. Solche Anlagen bieten der Vogelwelt vieles an Nahrung, besonders wenn sie mit einer Vogelschutzhecke umrahmt sind. Es können Beerensträucher wie Berberitzen, Holunder, Heckenrosen, Ebereschen, Schlehen und andere angepflanzt werden. Insekten, Samen der Bäume und Kräuter, Würmer auf den Rasenflächen und vieles andere mehr können Vögel hier finden.

Bäume und Hecken bieten Nistgelegenheiten für viele Vogelarten. Doch hierbei müssen wir zwischen Frei- und Höhlenbrütern unterscheiden.

Unsere Finken sind *Freibrüter* in Bäumen, Sträuchern und Hecken. Auch die Amsel mit ihrem herrlichen Gesang gehört dazu.

Zu den *Höhlenbrütern* gehören die meisten Meisenarten, die uns als Vertilger vieler Schadinsekten besonders lieb und wert sind. Für sie müssen wir Nisthöhlen schaffen, d.h. in Bäumen Nistkästen aufhängen. Dabei sollten wir Stare und Kleiber nicht vergessen. Auch sie sind Höhlenbrüter und brauchen Kästen mit größeren Fluglöchern.

Wo immer es geht, sollte man die Nistkästen mit den

Fluglöchern in Richtung der aufgehenden Sonne – also Ost-Südost – anbringen.
Für die Aufzucht des Nachwuchses, für ihren Gesang und natürlich zum Ausschlafen benötigen die Vögel Ruheplätze. Im Herbst müssen die Nistkästen gereinigt werden, damit mit den alten Nestern auch das Ungeziefer entfernt wird. Mit einem Pinsel werden alle Ritzen und Ecken ausgebürstet. So können wir den Vögeln für den Winter auch bei Kälte und Schnee einen sicheren und sauberen Schutzraum geben. Beim Säubern sind manchmal auch Nester von Haselmäusen, Siebenschläfern, Hummeln und Wespen zu finden.
Wann und wo immer es möglich ist, sollte der Mensch Rücksicht auf seine Mitgeschöpfe nehmen und sie vor akustischen und optischen Beeinträchtigungen ihres Lebensraumes schützen.
(Weitere Aspekte zur Vogelwelt sowie zum Bau von Nistkästen finden sich in Bd. 1, März-Kapitel.)

Bei Schnee wird möglichst eine Rasenfläche offen gehalten, auf der die Bodenpicker Nahrung finden können.

Vogelfütterung

Der Winter hat begonnen. Jedes Jahr stellt sich jetzt die Frage, wie wir den überwinternden Vögeln über die harte Zeit hinweghelfen können. Ein Futterhäuschen am Fensterplatz ist überall möglich, und die Kinder können ihre im Sommer geernteten Grassamen, Wegerich oder auch gekauftes Wintermischfutter einstreuen. Bei allen Vögeln sind auch zarte Haferflocken beliebt. Ein angefaulter Apfel darf ebenfalls angeboten werden.
Wenn wir eine größere Rasenfläche offen halten, sind die Vögel – bei sonst geschlossener Schneedecke – dankbar, besonders dann, wenn auf ihr noch Wasser angeboten wird. Dafür genügt eine flache, frostbeständige Schale, in die man je nach Frosttemperatur einmal oder mehrmals pro Tag warmes Wasser füllt. Natürlich muss man ein solches Trinkbecken auch sauber halten.
Im frostigen Winter sollten wir den Vögeln außerdem Fett anbieten. Dafür eignen sich im Handel erhältliche Fettknödel in Netzen, die man an Ästen aufhängen kann. Auch Abfallfett aus der Metzgerei ist bei Vögeln begehrt. Dieses füllt man in etwa handgroßen Brocken in kleine Netze, wie man sie beim Obsteinkauf erhält, und hängt sie in einen Baum.

Vogelfutter selbst herstellen

Natürliches Winter-Vogelfutter wird im Spätsommer und im Herbst gesammelt und gut getrocknet.
An *Wegrändern* finden wir hierfür: stehen gebliebene Getreideähren, Samen von Gräsern, Ochsenzunge, Brennnesseln, Weidenröschen, Johanniskraut, Schafgarbe, Margeriten, Flockenblumen usw.
Vom *Waldrand* sammeln wir Beeren vom roten und vom schwarzen Holunder, Hagebutten, Ebereschen, Schlehen; Bucheckern; Zapfensamen von Kiefern, Lärchen, Fichten, Tannen usw.

Wenn wir daraus nun Vogelfutter selbst herstellen wollen, entfachen wir zunächst in einer sachgemäßen Feuerstelle (siehe Bd. 2, Juli-Kapitel) ein Feuer. Dann wird das Pflanzenfett (3 – 5 kg Pflanzenmargarine oder Kokosfett in fester Form, kein Öl) eingeschmolzen und der Topf so lange mit den gesammelten, trockenen Samen aus Garten, Feld, Wald und Wiese aufgefüllt, dass die Samen gerade einmal im Fett getränkt werden (Foto S. 72 oben links). Dann die Mischung einmal kräftig durchprasseln lassen. Durch dieses kurze Erhitzen wird eine spätere Schimmelbildung verhindert.

Die Futtermischung füllen wir anschließend in Tontöpfe. Während sie abkühlt, befestigen wir am Tontopf Anflughölzer für die Vögel; die Hölzer binden wir mit Blumendraht gut fest und formen dann eine Aufhängeschlinge (Foto S. 72 oben rechts).

Zum Schluss füllen wir die Töpfe mit dem Futter auf, drücken den Inhalt gut an und lassen die Töpfe so lange stehen, bis die Futtermischung ausgehärtet ist.

Die Vögel werden erst gefüttert, wenn Frost und Schnee Einzug gehalten haben und den Zugang zum natürlichen Futter verwehren.

Diese Möglichkeit der Vogelfutterzubereitung ist sehr artgemäß, weil dasjenige an Samengut hineingenommen wird, was die Vögel naturgemäß auch in ihrem Lebensumfeld finden würden, wenn das Angebot quantitativ genug hergäbe.
Im Tontopf mit Anflugholz bleibt das Futter sauber und hygienisch einwandfrei.

NOVEMBER:

BIENENWACHS-WERKSTATT

Damit uns ein Licht aufgeht

Mit großer Präzision bauen die Bienen ihre sechseckigen Waben, die je nach Bedarf als Kinderstuben oder Vorratskammern dienen können. Das Wachs ist ein Produkt ihrer körpereigenen Wachsdrüsen: Für 1 kg Wachs «schwitzen» die Bienen ca. 1.250.000 Wachsplättchen aus. Das entspricht der Jahresproduktion eines Volkes.
Mehr dazu in den Büchern «Mit Kindern im Bienengarten» und «Frühling» der NaturKinderGartenWerkstatt-Reihe.

Bienenwachswerkstatt – «Damit uns ein Licht aufgeht»

Kneten mit Bienenwachs

In dieser kalten Jahreszeit ist das formende Kneten mit warmem, duftendem Bienenwachs für die Kinder eine wahre Wohltat. Empfehlenswert ist, ihnen Knetwachs in solchen Mengen zu geben, dass sie mit vollen Händen plastizieren und auch kleine Bauwerke errichten können.
Für eine Kindergartengruppe von 25 Kindern braucht man mindestens 4 kg Wachs.

Wir bereiten die Knetmasse nach folgendem Rezept vor:
1000 g reines Bienenwachs in einem emaillierten (möglichst flachen) Topf im Backofen bei 70 °C einschmelzen, bis es flüssig ist. 60 g Wollfett (*adeps lanae*, Apotheke) einrühren und gut verteilen. Die Mischung langsam abkühlen lassen und das sich erhärtende Wachs mit einem Holzlöffel herausheben und portionsweise auf ein Butterbrotpapier legen. Ist nun alles Wachs aufgehäuft, so formt man es zu lauter kleinen Wachsklößen, die in ihrer Größe für Kinderhände gerade recht sind. Wir legen sie in den flachen Topf zurück. Das so vorbereitete Wachs kann oftmals und immer wieder zum Formen erwärmt werden. Jeweils ein bis eineinhalb Stunden vor jedem Plastizieren erwärmen wir das Knetbienenwachs im Topf bei 50 °C im Backofen. Dabei müssen wir gut darauf achten, dass es nicht flüssig wird!
Immer wieder lassen sich die kleinen Kunstwerke der Kinder zu Neuem verwandeln: Das Geformte legen wir in den Topf zurück, erwärmen das Wachs und rollen Kugeln daraus, mit denen die Kinder weiter plastizieren.
Als Arbeitsunterlage für die Kinder eignen sich am besten Holzbrettchen oder kleine Baumscheiben.

Das Bienenwachs ist mit Wollfett vermischt fünfzehn bis dreißig Minuten plastizierbar, dann wird es hart und bleibt standfest. Viele kleine Kunstwerke entstehen beim Plastizieren mit Bienenwachs. Der Gestaltungswille der Kinder und ihre Freude am Formen werden bei diesem wunderbar duftenden, kostbaren Material besonders angesprochen.

Bienenwachs – ein kostbares Gut

Nach dem Formen sammeln wir sorgsam alles Wachs, auch das kleinste Krümchen, wieder ein, damit von dem wertvollen Material nichts verloren geht.
Während des Wachsknetens kann man den Kindern Geschichten über das Leben im Bienenvolk (z.B. aus dem Buch *Kleine Biene Sonnenstrahl* von Jakob Streit, siehe Literaturangaben S. 84) erzählen. Dabei wird ihnen bewusst, wie kostbar das ist, was die Bienen während eines Sommers in fleißiger, mühsamer Arbeit aus der farbigen, duftenden Blütenwelt zusammengetragen und in ihrem Bienenhaus zu Wachs und Honig verwandelt haben (siehe auch Bd. 1, Mai-Kapitel).

2

1

3

Oben: Prächtig blühender Salbeibusch in der Natur-Kinder-Garten-Werkstatt.
Rechts: Blick in die Honigschleuder.

1: Furchtlos nimmt ein Kind einen Rahmen in die Hand, auf dem viele Bienen sitzen. Er wurde von den Bienen mit Wachs ausgebaut und mit Vorräten und Brut besetzt. Jetzt, im Winter, dient uns dieses Wachs zum Plastizieren.
2: Sonnenwachsschmelzer mit zahlreichen Wachswabenstückchen.
3: ... und was ist das? Der Hofstaat der Bienenkönigin? Fast richtig. Die Sonnenwärme hat die Wachsreste im Sonnenwachsschmelzer in ein goldenes, duftendes märchenhaftes Wachsfigurenkabinett verwandelt. So wird vor den Augen der Kinder die Grundlage zur Gewinnung von Plastizierwachs und reinem Kerzenwachs sichtbar.

Noch viel eindrucksvoller und vor allem nachhaltiger als die schönste Geschichte ist es, wenn Kinder im Sommer die Bemühungen ihrer erwachsenen Begleiter um eine artenreiche Pflanzenwelt für eine bienengemäße natürliche Umgebung mit unterstützen dürfen. In der Natur-Kinder-Garten-Werkstatt lassen wir möglichst viele Heilpflanzen ausblühen, damit die Bienen eine wertvolle, gesunde Nahrungsgrundlage haben, die sie in wunderbar heilkräftigen und aromatischen goldenen Honig und in Wachs verwandeln.
Sind die Honigwaben entdeckelt, so werden sie in die Honigschleuder eingesetzt und mit maßvollem Schwung ausgeschleudert. Das flüssige Gold – der Honig – läuft unten aus der Schleuder heraus und durch verschieden feine Siebe in das Auffanggefäß hinein. Ein würzig-süßer, balsamischer Duft verströmt sich in der Umgebung.

Schleudern der Bienenwachswaben.

Zurück bleibt das kostbare Wachs, das im sogenannten Sonnenwachsschmelzer für die winterliche Bienenwachswerkstatt weiter zubereitet wird. Beim Imkern werden die kostbaren Wachswabenstückchen gesammelt und in den Sonnenwachsschmelzer gegeben. Unreine Restsubstanzen bleiben im Sieb zurück, während das reine Bienenwachs in die Auffangform rinnt.
Vor den Augen der Kinder schließt sich wiederum ein großer Naturzusammenhang mit allen Handlungsabläufen.

Kerzenziehen

Das Kerzenziehen aus reinem Bienenwachs ist ebenfalls eine sehr beliebte und beruhigende Tätigkeit in der Voradventszeit. Brennende Kerzen sind gerade in der dunklen, kalten Jahreszeit ein äußeres Zeichen für ein inneres Licht, ein Wärmeerlebnis, das man im dunklen November und in der Adventszeit anregen möchte. Das Kerzenziehen kann auch als eine willkommene Gelegenheit betrachtet werden, die Kinder in ein sorgsames, liebevolles Vorbereiten von Geschenken mit hohem ideellem Wert einzuführen.
Es ist sinnvoll, das ganze Jahr über alle Reste von Bienenwachskerzen zu sammeln, wobei auf möglichst reine Qualität geachtet werden sollte. Und aus allen Lichterresten des sich beschließenden Jahres tauchen in der Adventszeit neue Kerzenlichter auf und werden zu einem echten, mit Geduld hergestellten Weihnachtsgeschenk, das Freude, Wärme und Liebe auslöst und seinen bescheidenen Beitrag zu rechter Weihnachtsstimmung in der Familie leisten kann.

Anleitung

Für eine Kerze von ca. 1,5 cm Durchmesser und 12 cm Länge (Größe einer Weihnachtsbaumkerze) brauchen wir ca. 15 bis 20 g Bienenwachs und ca. 18 cm Dochtgarn von 1,5 mm Stärke (zu bekommen beim Imker, auf dem Weihnachtsmarkt oder im Hobbyladen).
Für den Tauchvorgang muss die Wachsmenge pro Kerze doppelt gerechnet werden. Wenn wir mit einer Kindergruppe also 25 bis 30 Kerzen tauchen wollen, sollte die Wachsmenge insgesamt 1500 g bis 2000 g betragen. Wenn wir nicht genügend Reste sammeln konnten, besorgen wir uns die entsprechende Menge hinzu und lassen sie gleich in handliche Stücke schneiden, die bequem in das Wachsgefäß passen.
Wichtig: Die Gefäße dürfen nicht zu voll mit kaltem Wachs gefüllt werden, da das Wachs im flüssigen Zustand mehr Volumen einnimmt. Lieber später noch etwas nachfüllen!
Der Schmelzvorgang muss sich langsam vollziehen kön-

Die selbst gezogenen Kerzen werden liebevoll und sorgfältig verpackt – mit Freude und Geduld haben die Kinder ihre Weihnachtsgeschenke selbst hergestellt.

Das Wachs wird in beschichteten oder emaillierten Metallgefäßen im Wasserbad geschmolzen.

nen; Kochplatte auf Stufe 1, höchstens 1,5 stellen. Unbedingt ist darauf zu achten, dass der Topf für das Wasserbad fast so hoch ist wie der Wachsbehälter. Man stellt den oder die Wachsbehälter in den Topf und füllt ihn bis wenige Zentimeter unter dem Topfrand mit Wasser auf. Eine bis eineinhalb Stunden dauert es, bis eine Wachsportion auf niedriger Stufe im Wasserbad geschmolzen ist.

Vorsicht: Unten im Topf verflüssigt sich das Wachs schnell und will sich ausdehnen, während die obere, noch feste Schicht dies verhindert (Siedeverzug). Deshalb darf nun auf keinen Fall oben auf die feste Schicht Druck ausgeübt werden, da sich das Flüssigwachs von unten sonst irgendwo Platz verschaffen will und als Fontäne herausspritzen kann (Verbrennungsgefahr!).

Um einen guten Druckausgleich zu ermöglichen, können ein bis drei Drahtbügel oder andere gut wärmeleitende Metallelemente wie Rohrstücke oder Ähnliches in das Wachsgefäß eingebracht werden, die man zur halben Schmelzzeit herauszieht. Das untere, bereits flüssige und ausdehnungsbedürftige Wachs kann so durch die Öffnung in der noch harten oberen Wachsdecke nach oben steigen.

Achtung: Niemals das Wachs in einem Topf direkt auf der Kochplatte, also ohne Wasserbad, erhitzen: Es besteht akute Brandgefahr!

Beim Kerzentauchen ist unbedingt Disziplin in der Kindergruppe anzustreben, sonst ist die Verletzungsgefahr, die durch flüssiges Wachs entstehen kann, zu hoch.

Kerzenziehen können Kinder am besten, wenn sie sich zuvor draußen in frischer, kalter Luft tüchtig bewegt haben. Dann sehnen sie sich nach der warmen Stube und sind sehr wohl in der Lage, ihre Gliedmaßen unter Kontrolle zu halten, sodass das Kerzenziehen zu einem sehr harmonisierenden, schönen Erlebnis werden kann.

Reicht die Geduld der Kinder für mehrere Tauchvorgänge

Statt um einen Tisch herum zu sitzen, kann man zum Kerzentauchen auch eine lange Turnbank nehmen, damit der Arbeitsvorgang einen geregelten Ablauf erhält. Die Kinder wandern um die Turnbank herum, und man kann währenddessen Herbst-, Winter- und erste Adventslieder singen.

nicht aus, so kann die Arbeit des Kerzentauchens auf mehrere Tage verteilt werden. Das hat zudem den Vorteil, dass die begonnenen Kerzen zwischendurch immer wieder völlig abkühlen, aushärten und mit wenig Aufwand schneller «wachsen» können. Denn auf kaltem Untergrund bleibt mehr flüssiges Wachs haften.
Ist das Wachs geschmolzen, so wird der Wasserbadtopf samt Wachsgefäß auf einem Untersetzer in die Kreismitte oder auf einen Tisch gestellt. Die Kinder tauchen der Reihe nach ihren Kerzendocht, der oben eine Schlaufe zum Festhalten haben sollte, in das flüssige Wachs ein, lassen es abtropfen und auskühlen.
Nach jeweils fünf bis sieben Tauchvorgängen sollten die werdenden Kerzen durch und durch aushärten können. Am besten hängt man sie auf einen Ständer (siehe Foto) oder eine Holzstange und trägt sie für zehn bis fünfzehn Minuten nach draußen.

Ständer für Kerzen aus einem Astquirl.

Das Wachs wird samt Wasserbad in der Zwischenzeit auf dem Herd warm gehalten. Bei Bedarf gibt man neues Wachs hinzu. Dann wird die Arbeit fortgesetzt, und die Kinder staunen, wie schnell die ausgekühlten Kerzen weiterwachsen.
Nach fünfzehn Tauchvorgängen haben die Kerzen schon einen akzeptablen Umfang, und es kann entschieden werden, ob sie dicker werden sollen oder nicht. Sind sie dick genug, werden sie unten 1 bis 2 cm gekürzt und gerade geschnitten (dort ist kein Docht).
Nicht vergessen: Nach getaner Arbeit das Wachsgefäß neu auffüllen und in das noch flüssige Wachs die metallenen Wärmeableiter hineingeben.
Ein Erlebnis besonderer Art ist für Kinder das Kerzenziehen im Freien, wenn das Wachs in einem großen Topf auf dem Lagerfeuer geschmolzen wird. In vorwinterlich klarer, kalter Luft – vielleicht in der Abenddämmerung – wird der Kontrast zwischen Dunkelheit und Kälte und der Jahreszeit, aus der das Wachs entstammt, also Licht und Wärme, in besonderer Weise offenbar. Der Duft des geschmolzenen Bienenwachses wirkt wie Balsam im Atmungssystem.

Die gezogenen Kerzen können zusätzlich noch in farbiges Wachs getaucht werden.

Zug um Zug und Schicht für Schicht entsteht ein neues Kerzenlicht.
Beim Kerzenziehen im Freien erleben die Kinder besonders stark die Polarität zwischen der Kälte und Dunkelheit des Novemberabends und dem heißen, duftenden Bienenwachs, das vom Sommer stammt.

Weiterführende Tätigkeiten

- Kerzenfärben
- Kerzengießen
- Kerzenrollen aus gepressten Bienenwachsplatten
- Anschauen einer Bienenwabe, die uns ein Imker vielleicht zu diesem Zweck ausleihen kann. Staunend nimmt man wahr, mit welch kunstvoller und wohlgeordneter Architektur die fleißigen Bienen ihre Honigvorratskammern konstruieren und bauen. Dann lässt sich der hohe ideelle Wert des Bienenwachses erst richtig ermessen (siehe hierzu auch Bd. 1, Mai-Kapitel).

Zum Kerzenziehen

Text: Irmgard Kutsch / Melodie: Willi Drahts

Weiterführende Literatur

Für Erwachsene

Helmut und Margrit Hintermeier, *Bienen, Hummeln, Wespen in Garten und Landschaft.* Obst- und Gartenbauverlag, München 1994

Hanne Huber, *Gestalten mit Bienenwachs im Vorschulalter,* Verlag Freies Geistesleben, Stuttgart 2001

Irmgard Kutsch und Gudrun Obermann, *Mit Kindern im Bienengarten*, Verlag Freies Geistesleben, Stuttgart ^{2}2015

Irmgard Kutsch und Brigitte Walden, *Frühling. NaturKinderGartenWerkstatt*, Verlag Freies Geistesleben, Stuttgart ^{3}2017

Für Kinder

Brüder Grimm, Die Bienenkönigin.

Astrid Lindgren, *Tomte Tummetott.* Verlag Friedrich Oetinger, Hamburg 2014

Astrid Lindgren, *Tomte und der Fuchs.* Verlag Friedrich Oetinger, Hamburg 2010

Jakob Streit, *Das Bienenbuch.* Verlag Freies Geistesleben, Stuttgart ^{12}2012

Jakob Streit, *Kleine Biene Sonnenstrahl.* Verlag Freies Geistesleben, Stuttgart ^{11}2014

Jakob Streit, *Puck der Zwerg.* Verlag Freies Geistesleben, Stuttgart ^{10}2011

Jakob Streit, *Tatatucks Reise zum Kristallberg. Eine Geschichte von Zwergen und Kobolden.* Verlag Freies Geistesleben, Stuttgart ^{10}2012

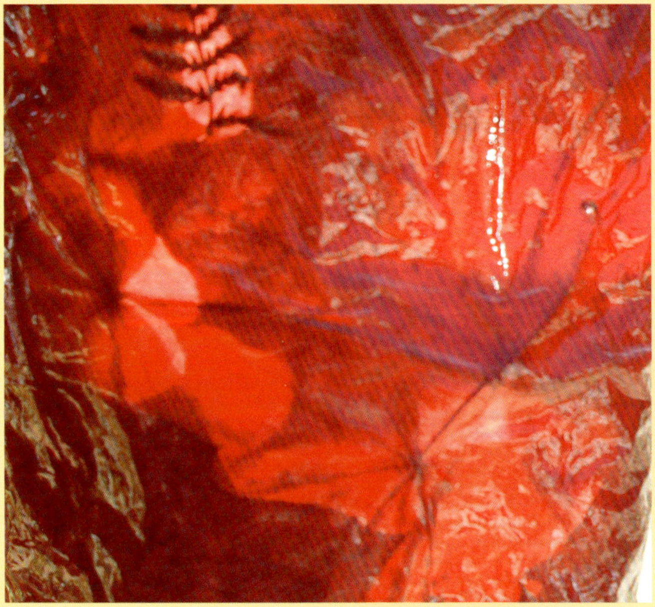

NOVEMBER:

PAPIER-WERKSTATT

Bitte ganz aus dem Rahmen fallen

Papierwerkstatt – «Bitte ganz aus dem Rahmen fallen»

Gräser am Gartenteich – von Sonne und Wind, von Nässe und Frost gut vorbereitet zum Papierschöpfen.

Mit dem Ende der Vegetationsperiode im November und der damit einkehrenden Winterruhe in der Natur bietet sich ein weiterer Werkstattbereich für die Arbeit mit Kindern an: das Papierschöpfen. Wir führen es gern in dieser Jahreszeit durch, weil in der Zeit des Absterbens in der Natur besonders auch mit abgestorbenen, von Sonne und Wind, von Regen und erstem Frost zerfaserten Pflanzenteilen gearbeitet werden kann. Die organischen Substanzen in der Pflanzenwelt sind bereits mehr oder weniger verwittert, bis auf die strukturgebenden Zelluloseanteile, die noch weitgehend erhalten sind. Zellulosefasern können in Form von Gräsern, Farnen, Brennnesseln, aber auch von Blättern der heimischen Baumarten dem Papierbrei zum Schöpfen beigegeben werden.

In der Flecht- und Hausbauwerkstatt, die wir im Oktober durchführten, waren wir noch auf Elastizität und Stabilität der Pflanzen angewiesen. Jetzt, im November, wird der fortschreitende Zersetzungsprozess in der Natur von uns genutzt, um leicht an die besonders zellulosehaltigen Pflanzenbestandteile heranzukommen; wir brauchen sie nun nämlich nur zu ernten und müssen sie nicht einem mühevollen, wasser- und energieverbrauchenden Vorbereitungsprozess unterziehen.

In der heutigen Zeit begegnet uns Papier in vielfältiger Weise, z.B. als Malgrund im Kindergarten, als Schreibpapier in der Schule, als Informationsträger bei der Computerarbeit, für Bücher und Verpackungen, für den Hygienebereich bis hin zu wenig beachteten Reklameprospekten. Wir benutzen Papier täglich in vielfältiger Form und werden uns kaum der ökologischen Tragweite der Papierherstellung bewusst.

Um Kindern eine entsprechende Wertschätzung des Papiers zu vermitteln, legen wir mit ihnen eine Papiersammlung an und zeigen ihnen, wie sie aus Altpapier mit Pflanzenzusätzen und / oder textilen Fasern ihr eigenes Papier schöpfen können.

Zuvor ist es aber notwendig, dass wir erwachsenen Be-

Die Papiersammlung enthält Eierkartons, Obst- und Gemüseverpackungen, Mappen, Schachteln, Geschenkpapier und vieles mehr. Dies alles lässt sich zu neuem Malpapier verwandeln.

gleiter uns einen Überblick über das Papier, seine Geschichte, seine heutigen Erscheinungsformen und seine Produktion verschaffen.

Papier – Geschichte und Herstellung

Seit Urzeiten hatten die Menschen das Bedürfnis, religiöse und geschichtliche Ereignisse zu dokumentieren, Verträge schriftlich zu besiegeln oder ihr handwerkliches, künstlerisches und landwirtschaftliches Können der Nachwelt zu übermitteln. Als Untergrund zum Schreiben wurden verschiedene Materialien verwendet. Um sich im Jahreslauf besser orientieren zu können, entwickelten die Menschen aus Steinsetzungen heraus Kalendarien mit Markierungen und Symbolen auf vielfältigen Schriftträgern.
Der Werkstoff Papier wurde vor ca. 3000 Jahren von den Chinesen erfunden. Von den Völkern der Antike wurde vor dem Bekanntwerden dieser Erfindung ein Schreibmaterial benutzt, das aus den Markhäuten der Papyrusstaude durch Verleimen und Pressen in Bahnen bis zu 40 m Länge hergestellt wurde. Auch geschabte Tierhäute, Wachs-, Ton- und Steintafeln wurden verwendet.

Papierproduktion

Papier wird vorwiegend aus Pflanzenfasern durch Verfilzen und Verleimen in vielen verschiedenen Typen hergestellt. Solche Faserfilze nennt man bis zu 0,3 mm Dicke Papier, dickere werden als Karton oder als Pappe bezeichnet. Zur heute vorwiegend maschinellen Herstellung werden folgende Faserrohstoffe verwendet:
Spinnereiabfälle: Lumpen von Flachs, Hanf, Baumwolle, Jute, Manila. Diese Lumpen werden für die Papierverarbeitung sortiert, entstaubt, zerschnitten, mit Kalkmilch oder Natronlauge gekocht und mit Chlorkalk gebleicht. So entsteht der Rohstoff für hochwertige Papiere.

Echtes Papyrus.

Zellstoff: Durch chemische Behandlung von Holz, Stroh oder Alfa- und Espartogras werden Zellstoffe hergestellt, die aus reiner Zellulose bestehen. Zellstoff vergilbt nicht und wird so bei Mischung mit Lumpenfasern zu wertvollem Papierrohstoff. Zeitungs- und Packpapiere werden durch Mischung mit Holzschliff hergestellt.

Holzschliff: Durch maschinelles Verschleifen von verschiedenen Nadelhölzern (Tanne, Fichte) entsteht Holzschliff, der als Material zur Fabrikation von gröberen Papieren, Pappen und dergleichen dient. So hergestellte Papiere vergilben schnell und können brüchig werden.

Altpapier: Durch Einweichen und Zermahlen wird Papier zerkleinert, und es entsteht ein neuer, wertvoller Rohstoff. Bereits bedrucktes Papier ist nur mit großem Aufwand von der Druckerschwärze zu befreien und wird deshalb für gefärbte Papiere und Pappen gebraucht.

Aus den Naturfasern Holz, Lumpen und Pflanzenfasern bzw. in der neueren Zeit auch aus Chemie- und Glasfasern wird ein gereinigter und gemahlener Brei mit Wasser (1 Teil Fasern auf ca. 100 – 200 Teile Wasser) hergestellt und mit Füllstoffen (Kaolin, Kreide, Farben, Leim, Talkum, Gips) vermengt. Die Füllstoffe dienen zum Ausfüllen feiner Poren, erhöhen die Festigkeit und machen das Papier weißer, druckfähiger, schwerer und billiger. Der Leim bewirkt z.B. eine Verfestigung des Faserfilzes, sorgt für mehr Glätte und Glanz und macht das Papier tinten- und druckfarbenfest.
Auf den sogenannten Langsiebmaschinen wird der flüssige Faserbrei unter ständiger Rüttelbewegung entwässert, verfilzt, gewalzt und gepresst und schließlich zwischen Hartgummiwalzen geglättet, dann zerschnitten und auf Rollen gewickelt.
Die häufig in Papiere eingebrachten Wasserzeichen werden durch Metallschablonen auf den Rüttelsieben hervorgerufen.
Das fertige Papier kann durch Beschichtungen und Imprägnierungen oder formende Pressvorgänge weiter veredelt werden.

Papiersorten

Feinpapiere: Banknotenpapier, Büttenpapier, Fotorohpapier, Zeichenpapier, Zigarettenpapier

Schreibpapiere: Briefumschlagpapier, Bücherpapier, Schreibmaschinen- und Schreibpapier

Druckpapiere: Bibeldruckpapier, Illustrationsdruckpapier, Kunstdruckpapier, Prospektpapier, Zeitungsdruckpapier

Packpapiere: Seidenpapier, Tüten und Beutel, Toilettenpapier, Pergamentersatzpapier, Tapetenpapier

Kraftpapiere: Kabel- und Isolierpapier, Kraftkrepp, Versandtaschen.

Papierrecycling

Für die Papierherstellung werden Wasser, Energie und Rohstoffe wie Holz, Zellstoff und Altpapier gebraucht. Dadurch ergeben sich auf verschiedenen Ebenen unterschiedliche Umweltprobleme: Frischwasserverbrauch, Holzverbrauch, Energieeinsatz, Abwasserreinigung, Entsorgung des Papiers. Vergleicht man den Gesamtenergieverbrauch von holzfreien (Zellstoff) Frischfaserpapieren, holzhaltigen (Holzschliff) Frischfaserpapieren und Recyclingpapier, so weist das Recyclingpapier den geringsten Energieverbrauch auf. Die Abwasserbelastung und der Frischwasserverbrauch sind erheblich geringer als für Papiere auf Zellstoffbasis. Darüber hinaus werden die Holzvorräte geschont und das Papieraufkommen vermindert.
Recyclingpapier besteht zu 100 % aus wiederaufbereitetem Altpapier. Recyclingpapiere sind Papiere unterschiedlicher Faserzusammensetzung (je nach eingesetzten Altpapiersorten). Altpapier kann man insgesamt gegenüber Papieren auf Frischfaserbasis ökologisch günstiger bewerten. Es weist die geringsten Belastungen auf und bietet die meisten Umweltvorteile. Durch unterschiedliche Aufbereitungsverfahren kann das Altpapier heutzutage für viele verschiedene Einsatzgebiete hergestellt werden.
Schon früher wurde Altpapier in Handpapiermachereien als Rohstoff verwendet. Durch das moderne De-Inking-Verfahren (Druckfarbenentfernung) können aus Altpapieren besonders hochwertige Recyclingpapiere hergestellt werden (Weißegrad 60 – 70 %). Sogenannte «Umweltschutzpapiere», die eine intensivere Graufärbung (Weißegrad 40 – 50 %) aufweisen, entstehen bei der Verwertung von unbedruckten Altpapieren aus der Produktion von Papiererzeugnissen.
Ein weiteres Umweltproblem ist der zunehmende Papierverbrauch. Der Verbrauch an Papier, Karton und Pappe ist in den letzten zwanzig Jahren in den alten Bundesländern extrem angestiegen: im Zeitraum von 1970 bis 1990 von jährlich 126 kg / Einwohner auf 232 kg / Einwohner. Deutschland verzeichnet im Vergleich zu anderen westeuropäischen Ländern den höchsten Papierverbrauch (1999: 17.000 t/Jahr, Quelle: Verband

Deutscher Papierfabriken). Davon wird fast die Hälfte des Papiers für Verpackungen eingesetzt.
In den Industrieländern wächst durch den steigenden Lebensstandard der Pro-Kopf-Verbrauch von Papier immer mehr an. Anzumerken ist dabei besonders, dass die meisten der hergestellten Erzeugnisse (Druck-, Presse-, Büro- und Administrationspapier) äußerst kurzlebig sind und kaum Altpapier enthalten.
Die Altpapierverwertung kann mit dem wachsenden Papierverbrauch nicht Schritt halten, sodass die zu entsorgenden Papierabfälle ansteigen. Auch durch neue Kommunikationstechniken (Computer) wird das Papier nicht unentbehrlich gemacht. Im Gegenteil, viele unnötige Papiermengen werden im Haushalt (Hygienepapiere), am Fotokopierer oder in der Datenverarbeitung (Büro- und Administrationspapiere) verbraucht. Auch die anwachsende Reklameflut und der Einsatz von Verpackungspapieren tragen dazu bei, dass der Rohstoff Papier stark verschlissen wird und zu einem Wegwerfprodukt geworden ist.

Papierschöpfen mit Kindern

Das Papierschöpfen ist eine äußerst wässrige Angelegenheit. Deshalb brauchen wir einen Raum mit wasserfestem Boden und unempfindlichen Möbeln. Ein geräumiger Kindergartenwaschraum, eine überdachte Pausenhalle, ein Wintergarten, eine Schulküche oder Ähnliches bieten sich hierfür besonders an. Will man zu dieser Jahreszeit draußen unter einer Überdachung Papier schöpfen, so füllt man die Schöpfbütte mit warmem Wasser auf, was den Arbeitsablauf wesentlich angenehmer gestaltet; die Kinder bekommen dann keine kalten Hände.

Was brauchen wir?

- vielseitige Altpapiersammlung (Flugblätter, Eierkartons, Verpackungen, Zeitungen und vieles mehr)
- 10 l-Eimer
- Litermaß
- Schöpfbütte (Wäschewanne, große Spülschüssel oder Materialkasten aus Kunststoff mit Schließdeckel)
- für jedes Kind ein Vlies-, Baumwoll- oder Filztuch, etwas größer als der Schöpfrahmen
- Schwamm
- Schöpfrahmen, bestehend aus einem Siebrahmen und einem Formrahmen (evtl. auch Spritzschutzsieb für die Bratpfanne, oder zugeschnittene, feste Fliegengitterstücke)
- Pürierstab oder Küchenmixer
- textile Faserreste (Fäden von Naturtextilien wie Leinen, Baumwolle, Hanf oder Wolle)
- getrocknete Pflanzenteile und Pflanzenfasern
- Schöpfkelle oder Kochlöffel
- Wäscheständer oder -leine
- Bretter zum Pressen
- viel saugfähiges Zeitungspapier
- zwei größere Schraubzwingen
- Putztücher, Schrubber und Eimer für den Fußboden

Tipp: Für den Transport noch nasser Schöpfpapiere empfehlen sich Prospekte und Zeitungspapiere.
Damit die Kinder die Werkzeuge der Papierschöpfwerkstatt besser kennenlernen, legen wir sie wohlgeordnet in einen Kreis und führen Kim-Spiele durch: Während sich ein Kind die Augen zuhält, wird ein Gegenstand aus dem Kreis entnommen, der dann von dem Kind erraten wird.

Meist reagieren die Kinder mit fragendem Staunen, wenn man ihnen vorschlägt, Eierkartons, Wellpappe und schadhaftes Geschenkpapier zu glattem Malpapier zu verwandeln.

Geräte, die man braucht, um mit Kindern Papier zu schöpfen: Schöpfbütte, Küchenmixer, Pürierstab, runde und eckige Schöpfsiebe, Vlies- und Schwammtücher, Backrolle und viel Altpapier.

Arbeitsanleitung

Altpapier sammeln
Zunächst legen wir eine Papiersammlung an. Erstaunlich, was dabei alles zusammenkommt. Beim Ordnen der mitgebrachten Gegenstände können Gebrauchskategorien berücksichtigt werden: alle Verpackungen, alle Schreib- und Malpapiere, alle Bücher, Zeitungen, Prospekte usw. werden zusammengelegt.

Sortieren
Dann sortieren wir Dinge heraus, die wiederverwendet werden können, zum Beispiel Papiertüten, Kartons, Umschläge, die nicht defekt sind, und verwahren sie für den neuen Gebrauch.
Außerdem werden alle Papiere mit vielen schwarzen Druckbuchstaben aussortiert. Zu viel Druckerschwärze macht nämlich eine frische Farbgebung des Schöpfpapiers unmöglich.

Kunststoff entfernen
Alle schadhaften Papiere werden nun auf Rückstände von Kunststoffklebebändern oder Aufklebern hin untersucht; diese müssen sorgfältig entfernt werden.

Grobes Zerkleinern
Der nächste Arbeitsschritt ist das grobe Zerkleinern des Papiers in münzengroße Stückchen. Diese geräuschvolle Arbeit lässt über den Hör-, den Tast- und den Sehsinn viele Rückschlüsse auf die Beschaffenheit einer Papierart zu. Mit verbundenen Augen können auch Ratespiele beim Papierzerkleinern gemacht werden.
Die Kinder spornen sich gegenseitig bei der Arbeit an, wenn möglichst viele im Kreis um einen Papierberg herum sitzen, in dessen Mitte Behältnisse für die zerkleinerten Pappstückchen und Papierschnipsel stehen.

Tipp: Braucht man eine große Menge Altpapier – vielleicht für ein großes Fest, auf dem Papierschöpfen für sehr viele Kinder angeboten werden soll –, so suche man Rat im Rathaus: Dort gibt es täglich riesige Säcke mit fein geschnittenem Papier aus dem Reißwolf, das besonders gut geeignet ist.

Der Schöpfrahmen wird waagerecht aus der Schöpfbütte gehoben und behutsam geschwenkt, damit das Wasser abläuft.

Das geschöpfte Papier wird vorsichtig mit dem Siebrahmen auf die Vliesunterlage gestülpt. Überschüssiges Wasser tupft man mit dem Schwamm ab.

Einweichen
Nun übergießt man die vorbereiteten Papierstückchen in einem Eimer mit Wasser und lässt sie bis zum nächsten Tag einweichen.
Tipp: Wenn bei Festen in kurzer Zeit sehr viel Papier geschöpft werden soll, nimmt man feines Papier, das mit sehr heißem Wasser nur zwei bis vier Stunden eingeweicht zu werden braucht.

Feines Zerkleinern
Das feine Zerkleinern des Papiers geschieht dann mit dem Pürierstab oder in vielen kleinen Portionen mit dem Küchenmixer. Je feiner man zerkleinert, umso homogener wird zum Schluss das Papier. Will man aber bestimmte Strukturen oder Farben von gesammelten Papieren erhalten, dann wird entsprechend weniger zerkleinert.
Es ist auch möglich, Papiere sortiert in verschiedenen Behältnissen einzuweichen und sie unterschiedlich fein

Der Schöpfrahmen wird vorsichtig abgehoben, und das geschöpfte Papier bleibt auf der Vliesunterlage liegen.

Zum Schluss hängt man das Vliestuch mit dem geschöpften Papier auf einen Trockenständer.

zu zerkleinern. Beispielsweise können Pappe und Eierschachteln sehr fein «püriert» werden, während man Reste von schönem Geschenkpapier grob lässt, um etwas vom Farbdruck zu erhalten.

Pflanzliche Bestandteile
Trockene Gräser, Blätter oder gepresste Blumen weicht man ca. $^1/_2$ Stunde ein und gibt sie zum Schluss in die Schöpfbütte.

Textile Bestandteile
Fäden von Stoffen aus Baumwolle, Wolle und Leinen werden ebenfalls erst ganz zum Schluss zugesetzt.

Vorbereiten der Schöpfbütte
Die Schöpfbütte wird in einem weiten Gefäß – einer großen Spülschüssel oder einer Wäschewanne – bereitet. Besonders geeignet sind weite Materialaufbewahrungskästen aus Kunststoff mit fest verschließbarem Deckel. In dieses Gefäß gibt man 10 l Wasser und 1 l Papierbrei. (Das ist ein grober Richtwert. Natürlich lassen sich viele andere Mischungsverhältnisse auspro-

bieren, und es empfiehlt sich, nach Herzenslust mit dem vielgestaltigen Material Papier zu experimentieren.)
Jetzt ist es an der Zeit, Pflanzen- und Textilbestandteile hinzuzugeben.

Das Schöpfen

Neben der Schöpfbütte legen wir auf einen Stapel Zeitungspapier ein Vlies- oder Filztuch, das glatt ausgebreitet wird. Der Schöpfrahmen wird mit dem Sieb nach oben gehalten und mit dem Formrahmen bedeckt.
Bevor wir den Rahmen eintauchen, rühren wir die Papiermischung mit der Schöpfkelle oder dem Kochlöffel kräftig um.
Der Rahmen wird auf der am weitesten vom Körper entfernten Seite senkrecht in die Bütte getaucht, auf den Körper zubewegt und vorsichtig waagerecht aus dem Wasser gehoben. Durch leichtes Schwenken des Rahmens verteilt sich das Papier gleichmäßig im Sieb, und das Wasser kann abtropfen.
Nach dem Abtropfen heben wir den Formrahmen vorsichtig ab. Dann stellen wir eine Kante des Siebrahmens auf die Unterkante des Filztuches und kippen den Rahmen mit dem Schöpfpapier sehr vorsichtig auf das Tuch. Durch leichten Druck auf den Rahmen kann nun das Wasser von dem darunterliegenden Zeitungspapier aufgesogen werden, was man durch behutsames Drücken mit einem Schwamm beschleunigen kann.

Das Trocknen

Man legt nun das Vliestuch und einige Zeitungsblätter über den neu geschöpften Bogen mit der Vliesunterlage und überrollt alles mit einer Backrolle.
Tipp: Eine weitere Möglichkeit des Trocknens besteht darin, mehrere geschöpfte Bögen mit Vliesunterlage und -auflage sowie dazwischen geschichtetem Zeitungspapier mit Holzbrettern und Schraubzwingen zu pressen. Die Zeitung saugt eine Menge Wasser auf, sodass der weitere Trockenvorgang gut beschleunigt wird.
Jetzt wird das Vlies- oder Filztuch mit dem neu geschöpften Papierbogen zum Trocknen auf die Leine gehängt. Nach dem vollständigen Trocknen (ca. ein bis zwei Tage) löst man den Bogen von dem Trägertuch ab und bügelt ihn zwischen Zeitungspapierblättern.

Einfache Faltanleitung für Briefumschläge

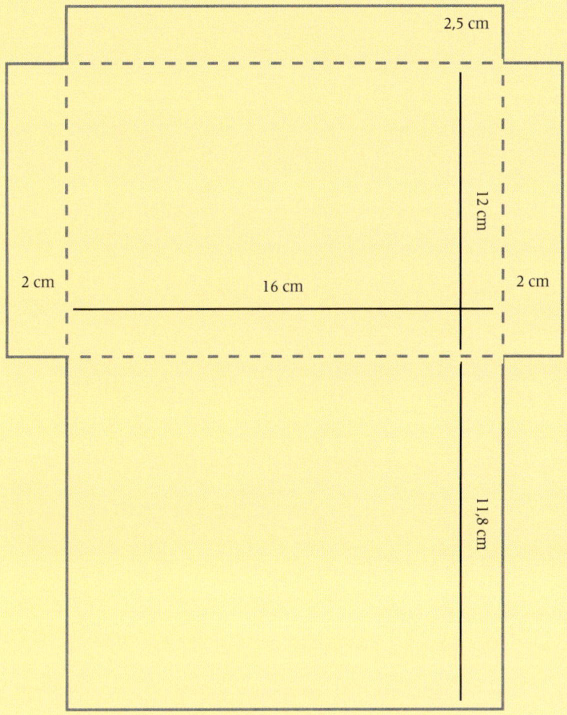

Tipp: Muss das geschöpfte Papier in relativ kurzer Zeit trocknen, können die noch feuchten Schöpfpapiere vorsichtig auf Prospekt- oder Zeitungspapier von den Kindern nach Hause transportiert werden.

Weiterführende Literatur und Adressen

Sophie Dawson, *Kunstwerkstatt Papier. Schöne Papiere schöpfen und gestalten.* Christophorus-Verlag, Freiburg 1994
Angelika Fuchs-Wasser, *Papier schöpfen und gestalten.* AT-Verlag, Aarau 1999
Angelika Wolk-Gerche, *Mach was aus Papier.* Verlag Freies Geistesleben, Stuttgart 2000
Angelika Wolk-Gerche, *Papier schöpfen, formen und gestalten.* Verlag Freies Geistesleben, Stuttgart 2001
Umweltbewusst leben. Handbuch für den umweltbewussten Haushalt, hrsg. v. Umweltbundesamt Berlin 1994 und
Internet: Information des Verbandes Deutscher Papierfabriken unter http://www.vdp.de

Von der DRP («Gesellschaft für direkt recycelte Papierprodukte») kann man Briefumschläge aus dem Direktrecycling beziehen:
DRP GmbH, Dieckstraße 71–75, 48145 Münster
http://www.direktrecycling.de

NOVEMBER:

BASTELN & MALEN OHNE GIFT

Verbindungen schaffen

Basteln und Malen ohne Gift – «Verbindungen schaffen»

Anregungen von Gudrun Obermann

Die Arbeitsanleitungen des folgenden Kapitels schließen sich gut an die Tätigkeiten aus der Papierwerkstatt an. Sie sollen Pädagogen, die viel mit Kindern werken und basteln, dazu anregen, auf natürliche, giftfreie Klebstoffe zurückzugreifen. Dadurch kommen die Kinder mit gesundheitsfreundlichen Materialien in Kontakt, und zugleich wird die Umwelt geschont. Die Vorschläge können darüber hinaus für Pädagogen eine Einstiegshilfe in ein natürlicheres Arbeiten sein. Sie sind insbesondere für Kinder gedacht, denen es nicht vergönnt ist, ein natürliches Außengelände zu nutzen. Dazu gehören auch Kinder, die bettlägerig sind oder deren beträchtliche Behinderungen es nicht erlauben, dass sie sich regelmäßig in freier Natur aufhalten. Viele der folgenden Vorschläge können am Tisch oder sogar auf der Bettdecke umgesetzt werden.

Mit Naturmaterialien wie Ästen, Früchten, Muscheln, Sand, Steinen, Rinde und anderen können die Kinder in vielfacher Weise kreativ umgehen. Diese Materialien sollen hierbei nicht mit herkömmlichen Klebstoffen, die Lösungs- und Konservierungsmittel enthalten, miteinander verbunden werden. Alternativ stellt man Klebstoff selbst her oder verzichtet ganz auf Klebstoffe, indem die Gegenstände durch Bindegeflechte und Ähnliches verbunden werden.

Bei den vorgestellten Werkvorschlägen werden ungiftige Stoffe aus der Natur verwendet, wobei ohne chemische und giftige Lösungs- und Konservierungsmittel oder Farbstoffe gearbeitet werden soll. Die Farbstoffe gewinnt man aus Pflanzensäften (siehe Bd. 1, Mai-Kapitel). Auf giftige Lösungsmittel kann man verzichten, da die verwendeten Farben und Klebstoffe wasserlöslich sind. Ebenso werden keine Konservierungsmittel beigemengt, denn sie sind beim Werken unwichtig. Sie erübrigen sich auch aufgrund der kleinen Mengen, die schnell verbraucht werden.

Schließlich kann man zum Basteln auch Bindegeflechte einsetzen. Verwendung finden Bindegeflechte aus Wolle, Draht, Bast, Gräsern oder Stroh, sofern zwei Materialien verbunden werden. Ist dies einmal nicht möglich, gibt es immer noch ungiftige Alternativen, z.B. Knete oder Nägel. Bevor man zwei Teile verbindet, sollte man sich immer die Frage stellen, ob man anstelle des Klebers ein Bindegeflecht oder Nägel verwenden kann. Als Beispiele hierfür bringen wir den Bau zweier Musikinstrumente und eines Windrades.

Viel Spaß beim Ausprobieren der Vorschläge!

Klebstoff, Knete und was man damit machen kann

Mit Klebstoffen wie Kleister oder Knete können die unterschiedlichsten Naturmaterialien miteinander verbunden werden. Vor allem die leichten Gegenstände (Blätter, Gräser, Moos oder Federn) lassen sich gut verkleben oder mit Kleister auf einem Blatt Papier befestigen. Kleister fixiert beispielsweise Sandkörner auf einem Papierbogen, sodass schöne Sandlandschaften entstehen (siehe Seite 102). Fügt man dem Kleister Farbstoffe hinzu, eignet er sich als alternative Fingerfarbe (siehe Seite 101). Schwere Materialien (Steine, Muscheln, kleine Äste, Früchte u.a.) verbinden sich besser mit selbst gemachter Knete (zum Rezept für Knetbienenwachs siehe oben, Seite 77.)

Kleber

Zubereitung: Ein Teelöffel Kleister wird in ein Marmeladenglas gegeben und mit 50 ml Wasser vermischt. Nach ca. 30 Minuten ist der Kleister gebrauchsfertig. Bei dem Kleister sollte es sich um einen Klebstoff handeln, der nur Methylzellulosen enthält. Er ist zum Werken gut geeignet und völlig ungiftig. Man kann ihn in Baumärkten oder alternativen, baubiologischen Läden erwerben.

Die Klebeeigenschaft kann durch Zugabe von Wasser bzw. Kleister für den jeweiligen Zweck stets neu variiert werden. Da der Kleber keine Konservierungsmittel enthält, sollte man ihn möglichst schnell verarbeiten. Im Kühlschrank hält er sich gut verschlossen ca. 1 bis 2 Wochen.

Fingerfarben

Zubereitung: Der Kleister wird mit gefärbtem Wasser angerührt. Gefärbtes Wasser wird von einem Sud oder aus Pulver hergestellt. Dazu zerkleinert man das gesammelte Pflanzengut (Blätter, Stängel, Rinde, Früchte) grob und zerreibt es anschließend im Mörser mit etwas Wasser. Den Sud erhält man ähnlich wie beim Teekochen, indem das zerkleinerte, farbenspendende Pflanzengut in heißes Wasser gegeben wird. Das Wasser verfärbt sich, und die Pflanzenreste können abgesiebt werden. Von der gefärbten Flüssigkeit werden jeweils zwei Esslöffel Saft abgenommen, mit 50 ml Wasser vermengt und in Marmeladengläser gefüllt. Die Farbe wird gut mit dem Wasser vermischt und mit 1 Teelöffel Kleister versetzt. Die Farbintensität der verschiedenen Pflanzensäfte ist davon abhängig, wie kräftig der Sud hergestellt wird bzw. wie stark man die Flüssigkeit verdünnt. Nach einer halben Stunde ist der Kleister gequollen – und fertig ist die Fingerfarbe. Sie ist ca. 1 bis 2 Wochen im Kühlschrank haltbar.

Farbtöne:

grün	Brennnessel- oder Spinatblättersud
braun	Zwiebelblättersud (nur die braunen Blätter) oder schwarzer Tee
rot	Rote-Bete-Saft
rosa	Heidelbeersaft
violett	Holunderbeersaft
gelb	Färberresedesud, Ampfersud, Safranpulver

- Frische *Brennnessel-* oder *Spinatblätter* (100 g) werden gesammelt, gemörsert und in heißem Wasser (50 ml) gekocht. Nach ca. 1 Std. Einwirkzeit nimmt man die Blätter aus der Brühe, die nun zum Färben verwendet werden kann.
- Von mehreren (ca. 4 bis 5) *Zwiebeln* werden die braunen Blätter abgenommen, mit Wasser (50 ml) abgekocht und so lange stehen gelassen, bis sich das Wasser gut braun verfärbt.
- Den rötlichen Saft erhält man nach dem Abkochen der *roten Bete*.
- Der *Heidelbeersaft* wird durch das Passieren von Heidelbeeren durch ein Sieb gewonnen.
- Wird ein gelber Farbton gewünscht, kann anstelle des Pflanzensuds von der *Färberresede* (100 g) auch eine Messerspitze *Safranpulver* mit heißem Wasser (50 ml) vermengt werden.

Sandbildlandschaften entstehen aus farbigem Sand und gesammelten Blättern, Moos und Früchten.

Sandbildlandschaften

Grußkarten können ganz individuell mit farbigem Sand gestreut werden.

Das Besondere an den selbst gemachten Fingerfarben ist, dass man nicht nur den Farbton selber herstellt und dessen Intensität bestimmt, sondern auch die Gelartigkeit der Farben verändern kann. Ist die Farbe zu dünnflüssig, schüttet man einfach ein wenig Kleister dazu, rührt um und wartet, bis er gequollen ist. Ist sie jedoch zu dickflüssig, lässt sie sich einfach mit Wasser oder der zum Färben verwendeten Flüssigkeit verdünnen. Außerdem weiß man bei den selbst gemachten Farben, dass nur ungiftige Farbstoffe verwendet wurden, und kann sie deshalb ohne Bedenken mit den Fingern auftragen. Ein Nachteil ist allerdings die geringe Farbintensität. Daher sollte man eher ein helles Blatt Papier oder ein weißes Bettlaken als Untergrund anstatt einer Fensterscheibe wählen und den Pflanzensaft oder -sud möglichst wenig mit Wasser verdünnen. Ein angenehmer Nebeneffekt der selbst gemachten Farben ist der gute, frische Geruch, den man beim Malen erlebt.

Sandbilder

Der helle Quarzsand, den man am Wegrand, im Garten oder aus einer Sandgrube geholt hat, wird zunächst durch ein gewöhnliches Haushaltssieb von größeren Steinen und Pflanzenmaterial befreit. In einem Eimer fängt man den gesiebten Sand auf und füllt ihn in mehrere Marmeladengläser. Nun kann das Färben beginnen. Im vorangehenden Abschnitt sind die färbenden Pflanzen mit ihren unterschiedlichen Farbwirkungen aufgeführt. Grüner Sand entsteht beispielsweise, wenn man Saft von Spinat- oder Brennnesselblättern oder grüne Tinte zum Färben verwendet.
Der Sand soll mit dem gefärbten Wasser, dem Saft oder der Tinte völlig benetzt sein. Mit einem Löffel wird er mit der farbigen Flüssigkeit in den Gläsern vermischt und anschließend auf ausgebreitetem Zeitungspapier an der Luft getrocknet. Danach kann er zurück in die Marmeladengläser gefüllt werden und bleibt so im trockenen Zustand bei dunkler Lagerung über mehrere Jahre haltbar. Von Natur aus gefärbte Sandböden (schwarzer Mutterboden, hellbrauner bis dunkelbrauner Sand) können nach dem Sieben ebenso in Gläser gefüllt werden und für die Sandbilder natürliche Brauntöne liefern. Sandböden eignen sich besser als Lehmböden, da sie vorwiegend aus Quarzkristallen bestehen, die man für die Sandbilder verwenden kann.
Außer dem Sand sammelt man verschiedene Früchte (Ahorn-, Birkensamen u.a.), Muscheln, Zweige, Blätter und Moos. Alle Materialien sind nach dem Trocknen gut haltbar und werden in trockenem Zustand aufbewahrt.
Mit dem verschiedenfarbigen Sand und den gesammelten Naturmaterialien kann nun eine Sandlandschaft «gemalt» werden. Auf einem großen Blatt Papier wird mit einem Pinsel Kleister aufgetragen. An diesen Stellen bleibt der gefärbte Sand haften, wenn er langsam über die feuchten Kleisterstriche gestreut wird. Anschließend hebt man das Blatt und bewegt es vorsichtig hin und her, damit die noch losen Sandkörner auf den Kleister rollen. Jeder Farbton sollte in einem getrennten Arbeitsgang mit Kleister auf das Papier gebracht werden. Man wechsle nach jedem neuen Kleisteranstrich die Sandfarbe, damit nur ein Farbton und keine Mischfarbe entsteht.
Nach dem Auftragen des Sandes können die restlichen Sandkörner von der Papieroberfläche in ein Glas geschüttet und später für bestimmte Farbeffekte eingesetzt werden.
Mit dem Kleister werden nun auch die anderen gesammelten Materialien auf dem Blatt Papier festgeklebt. Besondere Effekte können durch etwas größere Steinchen, Muscheln oder Pflanzenfasern erzielt werden.

Variation: Anstelle des großen Papierbogens verwendet man kleine Karteikarten oder gefaltetes Papier. Ein zuvor markiertes Feld wird mit Kleister bestrichen und anschließend mit dem farbigen Sand und den anderen Materialien bestreut. So erhält man unverwechselbare Gruß- und Glückwunschkarten.
Die Farbintensität der Sandfarben kann mit der Zeit zurückgehen, da die Farben durch das Tageslicht verblassen. Der Sand sollte dann nachgefärbt und ein neues Bild angefertigt werden.

Naturmobile

An einem natürlich gewachsenen Zweig sollen verschiedene Gegenstände befestigt werden. Je nach Jahreszeit variiert die Auswahl der Materialien.

- Im *Frühjahr* werden helle Bänder, ein blühender Haselnusszweig, Federn und kleine, ausgesägte Holztiere an den Zweig gehängt.
- Im *Sommer* kann man z.B. Muscheln, getrocknete Blütenblätter und besondere Urlaubserinnerungen verwenden.
- Im *Herbst* nimmt man Früchte, verschiedenfarbige Blätter, Federn und andere Materialien.
- Im *Winter* schmückt man den Zweig mit Efeu und Tannengrün, Strohsternen, bunten Bändern und mehreren Früchten (Ahornnasen, Bucheckern, Tannenzapfen).

Kastagnetten und Panflöte

Panflöte

Eine Panflöte kann aus einem 1,5 m langen, hohlen Bambusrohr gebunden werden. Der Hohlraum des Rohres sollte einen Innendurchmesser von 1 cm haben. Befindet sich noch Mark im Innenraum, dann muss man dieses vorsichtig mit einem dünnen, langen Metallstab oder einem Messer auskratzen. Von dem Rohr werden jeweils fünf bis acht Stücke mit einer Säge (Fuchsschwanz) abgesägt. Das erste Stück sollte eine Länge von mindestens 5 cm haben, die anderen sollten jeweils um 1 cm länger sein als das vorherige.
Man beachte, dass ein Bambusstab aus hohlen Rohranteilen besteht, die wiederum durch verdickte Knoten, den sogenannten Internodien, unterbrochen werden. An diesen Nahtstellen ist der Stab verschlossen. Beim Abmessen der Rohrstücke dürfen diese nicht abgesägt werden, sodass wir Stäbe mit je einem offenen und einem verschlossenen Ende erhalten.
Das letzte Rohrstück sollte ca. 12 cm lang sein. Alle Rohrstücke werden nun sehr gründlich mit einem Stück Schleifpapier (feine Körnung) glatt geschliffen, damit alle scharfen Kanten an den Rohrenden verschwinden. Mit einer stabilen Schnur werden die Bambusrohrstücke schließlich – der Länge nach geordnet – an ihrem oberen, offenen Ende verbunden. Danach verbindet man sie mit einer weiteren Schnur am anderen Ende. Wenn man nun über die offenen Rohrenden bläst, erklingen die einzelnen Flötentöne.

Kastagnette

Um eine Kastagnette herzustellen, brauchen wir zwei Holzlöffel. Die Stiele der Holzlöffel werden abgesägt, wobei ein Stielhals von ca. 1,5 cm an der Löffelfläche übrig bleibt. Die Sägeränder schleift man schön glatt, und mit dem Bohrer werden zwei kleine Löcher versetzt in den Stielhals gebohrt. Anschließend zieht man den Faden durch, sodass beide Löffel mit den Innenflächen aufeinanderliegend verbunden werden. Mit den Fingerfarben können die Kastagnetten angemalt werden.

Windrad

Material: vier Federn (gleich große), ein Flaschenkorken, ein Messer, ein Handbohrer, ein Nagel (4 cm lang), zwei Holzperlen, ein Hammer, ein Stock.

Für das Windrad benötigt man vier möglichst gleich lange Federn von Tauben, Hühnern, Möwen oder anderen Vögeln. Von einem Flaschenkorken schneidet man ein 1 cm dickes Stück ab. Mit dem Handbohrer wird ein durchgehendes Loch in die Mitte des Korkens gebohrt. In den Korkenrand sticht man vier kleine gegenüberliegende Löcher. Später steckt man hier jeweils eine Feder hinein. Auf den Nagel fädelt man zunächst eine kleine Holzperle (Ø 1 – 2 cm), dann das Korkrad (am besten ohne die Federn) und eine weitere Perle. Das Ganze wird nun vorsichtig an einen stabilen, ca. 1 bis 2 cm dicken Stock genagelt. Schließlich können die Federn in die Löcher gesteckt werden – fertig ist das Windrad.
Man kann es in ein Beet oder einen Blumenkasten stecken, damit es sich im Wind drehen kann.

Weiterführende Literatur

AG Naturwissenschaften-Sozial (Hrsg.), *Naturwerkstatt I: Wolle, Pflanzenfarben, Färben. Materialien zu einem Unterrichtsprojekt.* Marburg 1990

Ulrich Gerhard, *Kind und Natur.* Westdeutscher Verlag, Opladen 1994

Eva Jentschura, *Mit Pflanzen färben – ganz natürlich,* Verlag Freies Geistesleben, Stuttgart [2]2015

Mary Ann F. Kohl / Cindy Grainer, *Natürliche Kunst.* Verlag an der Ruhr, Mühlheim 1994

Hans Jürgen Pieper / Kristina Hoffmann-Pieper, *Basteln ohne Gift.* Rowohlt Verlag, Reinbek 1991

Umweltzentrum Heerser Mühle e.V. (Hrsg.): *Färben mit Pflanzen,* Bad Salzuflen 1995

Interview mit Carol Stockmar, Farbenproduzent

Herr Stockmar, wie lernten Sie die Arbeit der Natur-Kinder-Garten-Werkstatt kennen?

Carol Stockmar: Auf großen Messen lernte ich die Autorinnen kennen. Frau Kutsch brachte uns ganz neue Impulse für die farbige Gestaltung z.B. von Bienenkästen. Das begeisterte uns und die Messebesucher sehr. Wir überlegten die Übertragbarkeit dieser Technik (Bienenwachsmalfarbe auf Holz) auf andere Holzbauten (Vogelhäuschen, Gartenlattenzäune, Solitärinsekten-Nisthilfen), und so berichtete uns Frau Kutsch vieles von ihren Tätigkeiten in der Natur-Kinder-Garten-Werkstatt und wie sie aus ihrer pädagogischen Alltagspraxis heraus die Buchreihe entwickelte.

Diese vierteilige Buchreihe bietet zahlreiche Themen, wie und was man mit Kindern in und für die Natur im Rhythmus des Jahreslaufs machen kann. Wie erleben Sie selbst die vier Jahreszeiten?

Ich durfte in meinem Leben ja schon einige Jahreskreisläufe erleben. Jeder war wieder anders. Mit hineingenommen in das Erleben der jahreszeitlichen Naturphänomene kann ich heute beschreiben, dass mir der Frühling jedes Jahr wieder eindrucksvoll die Aufbruchstimmung in allen Dingen verdeutlicht. Im Sommer, wo alles nach Vereinigen und Reifen strebt, beeindruckt mich stets die Lebenskraft, wie sie sich überall um uns herum behauptet.

Und im Herbst?

Im Herbst ist es einfach großartig, die reifen Früchte ernten zu können. Wenn Licht und Wärme weniger werden, verzaubert uns diese Jahreszeit mit wundervollen Farben, bevor die Pflanzen absterben. Es ist doch wie ein Wunder, wenn man sich vorstellt, wie die Natur nun in Wurzeln und Samen in Ruhe weiterlebt und dem Neubeginn entgegenstrebt.

Und was ist für Sie das Charakteristikum des Winters?

Nachdem die Natur gegen Ende des Herbstes grau und eintönig geworden ist, erwacht nun eine große Licht- und Farbsehnsucht, bis die Sonne endlich Keime und Knospen zu neuem Leben erweckt.

Die Bücher der Natur-Kinder-Garten-Werkstatt blicken ja besonders intensiv mit den Augen der Kinder in die Welt. Wie erleben Sie die Natur durch den Blick Ihrer Enkelkinder?

Da gäbe es reichlich zu erzählen, weil ich mit ihnen sehr viel Zeit verbringe. Gerade die neueste Erfahrung mit meinem jüngsten Enkel, der Blumen überaus liebt, lässt mich freudig staunen, denn immer, wenn er zu Besuch kommt, schaut er erst mal in den Garten, um zu prüfen, wie weit die Pflanzen gewachsen sind. Es wird sorgsam darauf geachtet, dass kein Blümchen zertreten wird.
In allen vier Büchern entdecke ich jahreszeitliche Themen, die in vielen Beispielen zeigen, wie man generationenverbindende Tätigkeiten ausüben kann. So erlebe ich mich häufig in der Rolle des Vorbildes, denn alles, was ich unternehme, wird von meinen Enkeln in Perfektion nachgeahmt. Sei es das Musizieren auf dem Cello oder das Anzünden des Kachelofenfeuers im Winter – alles wird aufmerksam beobachtet, und wenn sich dann eine kleine Hand auf meinen Arm legt, um meine Tätigkeit mit allen Sinnen mitzupraktizieren, dann lese ich in den leuchtenden Augen meiner Enkel ab, welchen großen Erlebnisunterschied es darstellt, wenn sie Musik im Original wahrnehmen können statt von einer Tonkonserve, oder wenn ein echtes wärmendes Feuer entfacht

wird, statt lediglich am Rädchen der Zentralheizung zu drehen.

Es ist wunderbar, Kindern solche Wahrnehmungsmöglichkeiten zu schaffen, denn sie lernen so von Anfang an, dass unser Leben Aufwand bedeutet, doch dass es diesen Aufwand auch lohnt in der Teilhabe an den Phänomenen, die sich uns damit erschließen.

In meinem eigenen Leben hat Farbe eine besondere Rolle gespielt, und ich finde diese bunte Leidenschaft auch bei meinen Enkeln wieder, wenn wir uns in der Natur aufhalten. Sehen wir z.B. einen Regenbogen, dann ist so ein Naturschauspiel der eigentliche Anfang von Farberleben. Die Begeisterung über solch einen Himmelsbogen hält lange an, und viele der natürlichen Farben im Garten werden ähnlich geliebt.

In der Natur-Kinder-Garten-Werkstatt konnte ich zu allen Jahreszeiten Themenbeispiele finden, wie Kindern Gelegenheit gegeben werden kann, Liebe zu Natur und Umwelt zu entwickeln. In unserer technisierten Zeit, wo sich das Erleben viel auf künstliche Welten beschränkt, erscheinen mir die Anregungen, die ich in dieser Buchreihe finden kann, wie eine Überlebenspraxis.

Ich wünsche den Büchern weiterhin viele neugierige Leser!

Das Interview führten Margarete Staiger (Architektin) und Albert Staiger (Waldorfpädagoge)

Ein herzliches Dankeschön!

Den hilfreichen Beratern und Förderern:

Bärbel Höhn, MdB, ehemalige Umweltministerin von Nordrhein-Westfalen

Norbert Wolter, Kreisdirektor a.D., Unternehmer

Gregor Rolland, ehemaliger Bürgermeister, Reichshof-Denklingen

Werner Becker-Blonigen, ehemaliger Bürgermeister, Wiehl

Marina Hollstein, Landschaftsbehörde Gummersbach

Dagmar Israel, Geschäftsführerin der Deutschen Umwelthilfe für Nordrhein-Westfalen, Hessen, Schleswig-Holstein und Niedersachsen

Bündnis 90 / Die Grünen, Gummersbach

Thomas Kröll, Lektor, Rosenheim

Sibylle Alexander, Schriftstellerin, Galashiels

Vladimir Sagvosdkin, Geschäftsführer der Waldorfbewegung in den GUS-Staaten, Moskau

Den finanziellen, materiellen und ideellen Zuwendern:

DUH – Deutsche Umwelthilfe

BUND – Bund für Umwelt- und Naturschutz Deutschland

NaBu – Naturschutzbund Deutschland

NUA – Natur- und Umweltschutzakademie des Landes Nordrhein-Westfalen

Deutsche Waldjugend, Gruppe Windfus

Naturschutzzentrum Hessen

Umweltamt der Stadt Siegen

Umweltamt der Stadt Wiehl

Umweltamt der Stadt Neuss

Kulturstiftung der Kreissparkasse Köln

Familienbildungswerk im Familienbund der Deutschen Katholiken, Paderborn

Blockhausbau Kranenberg, Reichshof

Firma Birkmann, Halle / Westfalen

Redaktion Info 3, Frankfurt

Materialspender für die Aktionen mit Kindern

Für die inhaltliche Bereicherung der Jahreszeitenthemen:

Ruth Hecht, Hauswirtschaftsmeisterin und Förstersfrau

Marianne Frielingsdorf, Umwelt- und Museumspädagogin im Bergischen Freilichtmuseum für Ökologie und bäuerlich-handwerkliche Kultur des Landschaftsverbandes Rheinland, Lindlar

Heinrich Benjes, Holunderschule, Deutsche Umwelthilfe Hannover

Konrad Neuberger, Pädagoge und Gärtner, Wuppertal

Alexander Bräutigam, Lehrer für Kunst, Schauspiel und Sprachgestaltung, Freie Waldorfschule Engelberg

Pauline van Royen-Schmidt, HERA-Forschungsstelle, Eschenhof, Uess / Eifel

Rita Binz, Museumspädagogin, Bergisches Museum für Bergbau, Handwerk und Gewerbe, Bensberg

Alfons Braun, Sozialarbeiter, Sozialdienst Katholischer Männer und Frauen, Gummersbach

Henning Köhler, Heilpädagoge, Erziehungsberater und Autor, Nürtingen

Dr. Gero Karthaus, Ökologe, Landschaftsarchitekt, Schriftsteller

Ute Poeppel, Künstlerin, Köln

Jochen Faßbender, Klangkünstler, Waldbröl

Stefan Roth, Demeterbauer auf dem Birkenhof im Siegerland

Marie-Luise Kreuter, Gartenbuch-Autorin und Journalistin, Reichshof

Heike Hesse-Marks, Gesundheitsberaterin der Stadtverwaltung Wiesbaden

Marcel Kalberer, Natur-Baustellen-Meister, Diplom-Architekt, Herdwangen-Heggelbach

Joachim Hecht, Forstmann, Ornithologe, Reichshof

Gudrun Obermann, Diplombiologin, Berghausen

Bechir Belhi Ben Hassouna, Deutschland, Gastronom im Erfahrungsfeld zur Entfaltung der Sinne und zur Erweckung des Willens, Bayerisch Gmain

Wolfgang Vorländer, evangelischer Pfarrer, Reichshof

Adolf Gast, Spinnereimeister, Bergneustadt

Georg W. Schmidt, HERA-Forschungsstelle, Eschenhof, Uess / Eifel

Christian Tangemann, Jugendpfleger, Reichshof

Dr. Karl Breuer, Soziologe, Frankfurt

Für die Unterstützung bei der grafischen und fotografischen Ausgestaltung sowie die Umsetzung in Buchform:
Anke Wilhelm, Birkenhof, Siegerland
Caroline Winkendick, Praktikantin im Freiwilligen Ökologischen Jahr in der NKGW
Christian Tangemann, Jugendpfleger, Reichshof
Edgar Bayer, Grafiker, Stuttgart
Andreas Neider, Verlagsleiter, Stuttgart
Martin Lintz, Lektor, Stuttgart
Thomas Neuerer, Hersteller, Stuttgart

An Einrichtungen, in denen Projekte der Natur-Kinder-Garten-Werkstatt Reichshof durchgeführt wurden:
Waldorfkindergarten Siegen-Selbach
Waldorfkindergarten am Häusling, Siegen
Freizeitpark der Stadt Wiehl
Holunderschule der Deutschen Umwelthilfe, Hannover
Freie Waldorfschule Oberberg, Gummersbach
Familienferien- und Bildungsstätte des Familienbundes Deutscher Katholiken in Biggesee-Olpe / Sondern und in Schloss Gehrde, Brakel
Evangelische Kindertagesstätte Monheim-Baumberg
Gemeinschaftsgrundschule Fürstenberg sowie beide Fürstenberger Kindergärten
Bergisches Freilichtmuseum für Ökologie und bäuerlich-handwerkliche Kultur des Landschaftsverbandes Rheinland, Lindlar
Evangelischer Kindergarten «Unter dem Regenbogen», Reichshof-Drespe
Kindergarten der Arbeiterwohlfahrt Oberwiehl
Kindergarten der Arbeiterwohlfahrt Marienheide-Kotthausen
Kindergarten der Arbeiterwohlfahrt Reichshof-Mittelagger
Johannes Brenner, Kierspe
Johanniter-Kindergarten Reichshof-Hunsheim
Johanniter-Kindergarten Reichshof-Wildbergerhütte
Johanniter-Kindergarten Morsbach
Johanniter-Kindergarten Bielstein
Elterninitiativ-Kindergarten «Kunterbunt», Kierspe
Freie Waldorf-Dorfschule Kierspe
Integrierte Kindertagesstätte Siegen
Waldorfkindergarten Dortmund-Benninghofen
Waldorfkindergarten Rosenheim
Märchengarten Cornelia Büsch
Naturfördergemeinschaft, Umweltzentrum Westfalen und Biologische Station in Bergkamen
Deutsche Waldjugend, Gruppe Windfus
Evangelischer Kindergarten Bergneustadt
Kindergarten des Deutschen Roten Kreuzes in Wiedenest
Waldorfkindergarten «Zaunkönig», Remscheid
Waldorfkindergarten Wiehl-Heckelsiefen
Waldorfkindergarten Panèvezys, Litauen
Bürgerpark Kreuztal
Demeter-Hofgemeinschaft Birkenhof im Siegerland
Waldkindergarten Pansdorf
Industriemuseum des Landschaftsverbandes Rheinland, Engelskirchen
Fachschule für Sozialpädagogik, Berufskolleg Gummersbach
Fachschule für Sozialpädagogik Siegen
Waldorf-Erzieherseminar Köln
Waldorf-Erzieherseminar Dortmund
Biologische Station Werther Hof, Dormagen
Arbeitskreis «Außerschulische Umweltbildung» der Regionalen Agenda 21 des Oberberg. Kreises
Arbeitskreis «Lokale Agenda» der Gemeinde Reichshof
Städtischer Kindergarten Gummersbach-Bernberg

An nahestehende Zeit- und Weggenossen:
Verwandte, Freunde und Nachbarn
Kinder-, Jugend- und Helfergruppen
Vereinsmitglieder
Besonders Joachim, Christian, Manfred und Philipp, den «Männern für alles»
Katharina Grund, der Praktikantin im Freiwilligen Ökologischen Jahr in der NKGW
Petra Delschen, Praktikantin in der NKGW

Quellenangaben

Fotos:
Fachschule für Sozialpädagogik Siegen: S. 19 / Freie Waldorfschule Oberberg in Gummersbach: S. 30, 31 / Fritz Hilgenstock: S. 55 / Kindergarten der Arbeiterwohlfahrt Marienheide-Kotthausen: S. 11 (I), S. 25 (II) / Kindergarten der Arbeiterwohlfahrt Mittelagger: S. 78 (I) / Irmgard Kutsch: S. 9, 11 (II), 12 (I-III), 14, 15 (I-III), 16, 17 (I, II), 20 (I), 21 (I), 25 (I-III), 26, 28 (I, II), 35, 36, 38, 39, 40, 46 (I-IV), 48 (I, II), 51 (III, IV), 52 (I-IV), 53 (I-IV), 54, 56, 57 (I-IV), 58 (I-IV), 59 (I-IV), 60 (I-IV), 61 (I-III), 64 (I, II), 66 (I-IV), 70, 72 (I-III), 74 (I-IV), 76 (I-IV), 78 (II, III), 79 (I, II), 80, 82 (I, II), 83 (I, II), 85 (I-IV), 86 (I-IV), 88 (I, II), 89, 92 (I, II), 93 (I, II), 94 (I, II), 96 (I, II), 97 (I, IV), 98 (IV) / Michael Lambert-Sieben: S. 22 (II), 23 (III), 95, 97 (II, III), 98 (I-III), 107, Vor- und Nachsatz / Ingeborg Ludwig-Kersjes: S. 42 / Gudrun Obermann: S. 101, 102 (I, II), 104, 105 / Margarethe Paulus: S. 22 (I), 23 (I, II, IV), 24 (I-III), Erika Salaw: S. 20 (II), 81 (I) / Christian Tangemann: S. 12 (IV), 18, 23, 51 (I, II) / Anke Wilhelm: S. 77, 81 (II)

Grafiken:
Anke Wilhelm: S. 41, 42, 43, 49, 50
Ein besonders herzlicher Dank an Theresa und alle anderen Kinder, die dieses Buch mit ihren bunten Malereien bereicherten.

Lieder:
- Der Sommer zieht von hinnen (S. 26) aus: *Neue Kinderlieder aus dem Waldorfkindergarten Berlin.*
- Herbstlied (S. 29) aus: Lothar Reubke, *Der kleine Spielmann. Lieder und Spiele,* Edition Bingenheim im Verlag Freies Geistesleben, Stuttgart ²1993.
- Erntelied (S. 33) aus: Lothar Reubke, *Der kleine Spielmann. Lieder und Spiele,* Edition Bingenheim im Verlag Freies Geistesleben, Stuttgart ²1993.

Kontaktadresse

Bei Fragen zu Umweltbildungsprojekten sowie zur Finanzmittelbeschaffung für Natur- und Umweltschutzprojekte wenden Sie sich bitte an die
Deutsche Umwelthilfe, Goebenstraße 3A,
30161 Hannover, Telefon (05 11) 3 90 80 50

Die Autorinnen

Irmgard Kutsch, geboren 1952, war nach einer Ausbildung zur veterinärmedizinisch-technischen Assistentin im Gewässerschutz und einem Lebensmitteluntersuchungslabor tätig. Danach absolvierte sie Ausbildungen als Fachlehrerin an Schulen für geistig Behinderte, eine staatliche und eine Waldorf-Erzieherinnenausbildung sowie eine Ausbildung in Chirophonetik.
Alle Erfahrungen flossen in die Gründung der Natur-Kinder-Garten-Werkstatt ein.

Adresse: Dorner Weg 4, 51580 Reichshof

Brigitte Walden, geboren 1953, ist Schulleiterin und Fortbildungs-Managerin im Kölner Raum gewesen. Sie war Pädagogin im Erfahrungsfeld zur Entfaltung der Sinne, Gründungsmitglied der freien Waldorf-Dorfschule Kierspe-Meinerzhagen und Pädagogin in Haus Hohenfried in Bayerisch Gmain.

Adresse: Engelbergstraße 23, 70499 Stuttgart

Inhaltsübersicht über alle vier Bände

Die vier Jahreszeitenbände der Buchreihe *Natur-Kinder-Garten-Werkstatt.* sind thematisch folgendermaßen gegliedert:

Band 1: Frühling

März:
Nisthilfenwerkstatt –
Nestwärme für Vogelkinder
Säen, Keimen, Wachsen –
Das Licht der Welt erblicken

April:
Lebens(t)räume schaffen –
Damit uns die Luft nicht ausgeht

Mai:
Gestalten mit Pflanzenfarben –
Damit es uns nicht zu bunt wird
Milchverarbeitung, Imkerei –
Wenn Milch und Honig fließen

Band 2: Sommer

Juni:
Kräuterverarbeitung –
Den Kräutern wohnt ein Zauber inne
Schmetterlinge züchten –
Gaststube für Verwandlungskünstler

Juli:
Wasser, Erde, Luft und Feuer –
Jedem sein Element

August:
Vom Korn zum Brot –
Von der Kunst, ein Eigenbrö(d)tler zu sein

Band 3: Herbst

September:
Obst und Gemüse ernten –
Der Mensch lebt nicht vom Brot allein

Oktober:
Flechtwerkstatt –
Drunter und drüber erwünscht
Hausbauwerkstatt –
Wer will schon ständig aus dem Häuschen sein?

November:
Pflege unserer Vogelwelt –
Gastlichkeit für Hungerleider
Papierwerkstatt –
Bitte ganz aus dem Rahmen fallen!
Bienenwachswerkstatt –
Damit uns ein Licht aufgeht
Basteln und Malen ohne Gift –
Verbindungen schaffen

Band 4: Winter

Dezember:
Adventwerkstatt –
Alle Jahre wieder?

Januar:
Wollwerkstatt –
Vom Faden, den man nicht verlieren mag

Februar:
Gestalten mit Weiden –
Aus Hecken werden Häuser
Holzwerkstatt –
Von Hölzchen und Stöckchen
Tonwerkstatt –
Jedem Topf sein Deckelchen

Nachwort (wissenschaftlicher Beitrag) von
Dr. Karl Breuer, Dipl.-Soziologe, Frankfurt am Main

NaturKinderGartenWerkstatt
FRÜHLING
Vom Wiederentdecken des Ursprünglichen
Irmgard Kutsch · Brigitte Walden

NaturKinderGartenWerkstatt
HERBST
Vom Wiederentdecken des Ursprünglichen
Irmgard Kutsch · Brigitte Walden

NaturKinderGartenWerkstatt
SOMMER
Vom Wiederentdecken des Ursprünglichen
Irmgard Kutsch · Brigitte Walden

NaturKinderGartenWerkstatt
WINTER
Vom Wiederentdecken des Ursprünglichen
Irmgard Kutsch · Brigitte Walden